浙南扁形茶生产及机械装备

Zhenan
Bianxingcha
Shengchan Ji Jixie
Zhuangbei

施伟强　应朝纲　主编

中国农业科学技术出版社

图书在版编目（CIP）数据

浙南扁形茶生产及机械装备/施伟强，应朝纲主编．--北京：中国农业科学技术出版社，2024.4
ISBN 978-7-5116-6774-8

Ⅰ.①浙… Ⅱ.①施… ②应… Ⅲ.①茶叶-栽培技术-机械设备-浙江 Ⅳ.①S571.1

中国国家版本馆CIP数据核字（2024）第075863号

责任编辑　闫庆健
责任校对　王　彦
责任印制　姜义伟　王思文

出 版 者	中国农业科学技术出版社
	北京市中关村南大街12号　邮编：100081
电　　话	（010）82106632（编辑室）（010）82106624（发行部）
	（010）82109709（读者服务部）
网　　址	http://castp.caas.cn
经 销 者	各地新华书店
印 刷 者	北京建宏印刷有限公司
开　　本	170mm×240mm　　1/16
印　　张	14.5　彩页　16
字　　数	270千字
版　　次	2024年4月第1版　2024年4月第1次印刷
定　　价	80.00元

◆版权所有·翻印必究◆

主编简介

施伟强

1965年10月生,浙江缙云人,高级工程师,浙江省农业机械学会、浙江省农业工程学会会员。

1984年以来一直从事山区基层农机管理、安全监理、技术培训和推广工作,在山区农机化事业发展,推进农业特别是茶产业"机器换人"等方面作出了积极贡献,有效助力产业增效、农民增收。

曾获浙江省基层站所行风建设先进个人、农业部(现农业农村部)全国农机安全监理"为民服务创先争优"示范岗位标兵、2022年全国首届"最美农机推广员"、2023年度神内基金农技推广奖。

获浙江省农业机械科技奖三等奖,市级科技进步奖三等奖,市级农业丰收奖一等奖、二等奖、三等奖,县级科技进步奖一等奖和二等奖等奖项共11项。在国家级和省级期刊发表论文26篇。

《浙南扁形茶生产及机械装备》编写人员

主　　编　施伟强　应朝纲

副 主 编　林文英　姚孟超　蒋霞芳

编写人员　(按姓氏笔画排序)

王文秀　叶洪清　叶益兰　刘志军　李剑勇

何科伟　应朝纲　沈爱兰　陈建兴　陈跃军

陈银方　林文英　金军东　周　挺　郑红梅

项紫薇　赵泽滨　赵晨光　饶满伟　施伟强

洪海清　姚孟超　徐露凝　梅建平　蒋益峰

蒋霞芳　谢友祥　潘立屏　魏　伟

茶树主要品种

嘉茗1号（乌牛早）

龙井43

主编简介 ZHU BIAN JIAN JIE

应朝纲

1979年5月生,浙江缙云人,工程师,浙江省农业机械学会理事。

1999年参加工作,长期从事基层农业机械推广应用工作,在浙江省农业"机器换人"、农业"双强"行动中,积极推进山区特色产业全程机械化,为地方产业增收增效作出了积极贡献。

制定农业机械相关标准3项,获得专利2项,获省级农业机械科技奖4项、市级农业丰收奖2项,发表论文十余篇。

茶树主要品种

迎 霜

白叶1号

茶树主要虫害

茶尺蠖成虫

茶尺蠖为害状

茶细蛾成虫

茶细蛾为害状

斜纹夜蛾幼虫

斜纹夜蛾为害状

茶树主要虫害

黑刺粉虱若虫和蛹

茶蚜

假眼小绿叶蝉若虫

角蜡蚧

茶橙瘿螨

茶橙瘿螨为害状

4

茶树主要病害

茶轮斑病病斑

茶饼病病斑

茶赤叶斑病症状

茶树主要病害

炭疽病症状

茶树根癌病症状

茶云纹叶枯病症状

日灼病病斑

扁形茶生产配套机械

茶园喷灌系统

无人机

机动喷雾器

扁形茶生产配套机械

微耕机

割灌机

电动喷雾器

扁形茶生产配套机械

单人修剪机

电动茶树修剪机

双人采茶机

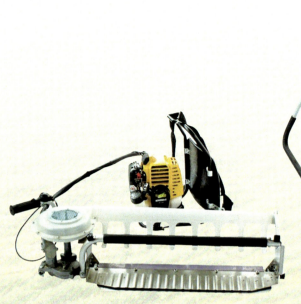

单人采茶机

扁形茶加工配套机械

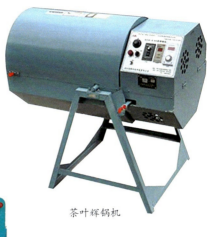

茶叶辉锅机

801型全自动智能扁形茶炒制机

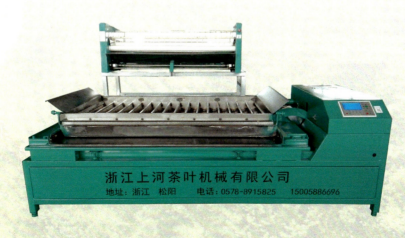

800型自动理条机

扁形茶加工配套机械

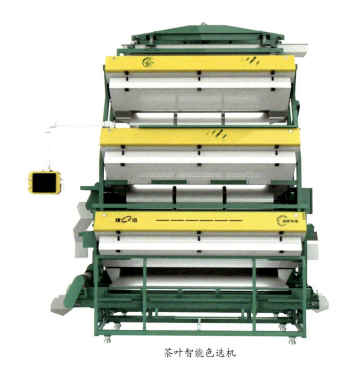

茶叶智能色选机

全自动智能扁形茶连续化加工生产线

序

  2023年中央一号文件强调:"必须坚持不懈把解决好'三农'问题作为全党工作重中之重,举全党全社会之力全面推进乡村振兴,加快农业农村现代化。"同处丽水市的松阳、缙云两县针对本地劳动密集型的茶叶产业,在采摘加工季节常遇到劳动力缺乏,从而影响经济效益的问题,开展了"机器换人"的有效尝试,取得了明显的效果。

  "农业的根本出路在于机械化"。机器换人,是推动传统产业实现产业转型升级的一项重要举措,是以现代化、自动化的装备提升传统产业,推动技术红利替代人口红利,成为新的产业优化升级和经济持续增长的动力之源。松阳、缙云两县大力推动茶叶产业领域"机器换人",不断提高农业机械化水平,对于提升劳动力素质、提高农业生产效率、促进产业结构调整、推进产业转变发展方式具有重要意义。同时,也为农业其他产业的"机器换人"起了一个很好的带头作用。

  松阳、缙云两县通过开展智慧农机装备应用、农机农艺技术融合、社会化服务体系建设、实用人才培养、"平安农机"创建等工作,推进了茶叶产业"机器换人"工作向高质、高效、全程、全面发展,农业机械装备在茶叶种植、生产、加工各关键环节得到广泛推广与普遍应用,有效突破了茶叶生产中用工难、用工贵的瓶颈,茶叶产业农机装备水平稳步提高,茶叶生产加工机械化作业与应用水平大幅提升,有力推进了茶叶生产加工向全程机械化、智能化方向发展,成绩可喜可贺!

  特为序!

舒伟军
2024.1

舒伟军:浙江省农业技术推广中心原副主任,农业技术推广研究员

前　言

为推进茶叶产业"机器换人"工作向高质、高效、全程、全面发展，相关技术人员总结了近几年在茶叶产业开展"机器换人"的实践经验，组织编写了《浙南扁形茶生产及机械装备》一书。

《浙南扁形茶生产及机械装备》一书共分三章，第一章扁形茶产业概况，主要介绍扁形茶产业生产和扁形茶产业"机器换人"概况。第二章扁形茶生产及配套机械，主要介绍扁形茶生产方面的茶树品种、茶园建设、茶叶种植、茶园管理、病虫防控和茶叶采摘；扁形茶生产机械方面的耕作、除草、植保、灌溉、修剪、采摘等机械。第三章扁形茶加工及配套机械，主要介绍扁形茶加工方面的茶叶加工、茶叶包装和茶叶贮藏，以及全自动扁形茶炒制机、茶叶辉锅机、全自动智能茶叶理条机、茶叶自动化生产加工流水线和茶叶智能色选机等扁形茶加工机械。本书内容全面、技术先进、文字简练、图文并茂、通俗易懂，可供茶叶种植基地和加工企业操作人员阅读，也可作为茶叶产业技术指导和管理人员参考用书。

由于编者水平所限，书中难免有不妥之处，敬请广大读者提出宝贵意见，以便进一步修订和完善。

编者
2024 年 2 月

目录

第一章 扁形茶产业概况

一、扁形茶产业简述 ·· 3

二、扁形茶产业"机器换人" ·· 4

第二章 扁形茶生产及配套机械

一、扁形茶生产 ·· 9

  （一）茶树品种 ··· 9

  （二）茶园建设 ··· 12

  （三）茶叶种植 ··· 14

  （四）茶园管理 ··· 18

  （五）病虫防控 ··· 30

  （六）茶叶采摘 ··· 49

二、扁形茶生产机械 ··· 55

  （一）耕作机械 ··· 55

  （二）除草机械 ··· 72

  （三）植保机械 ··· 79

  （四）灌溉机械 ··· 103

  （五）修剪机械 ··· 126

  （六）采摘机械 ··· 146

第三章 扁形茶加工及配套机械

一、扁形茶加工 ·· 169

（一）茶叶加工 …………………………………………………… 169

（二）茶叶包装 …………………………………………………… 173

（三）茶叶贮藏 …………………………………………………… 175

二、扁形茶加工机械 ……………………………………………… 178

（一）全自动扁形茶炒制机 ……………………………………… 178

（二）茶叶辉锅机 ………………………………………………… 186

（三）全自动智能茶叶理条机 …………………………………… 188

（四）茶叶自动化生产加工流水线 ……………………………… 200

（五）茶叶智能色选机 …………………………………………… 201

附录　科学饮茶知识

一、茶的功效 ………………………………………………………… 217

二、基本要求 ………………………………………………………… 219

三、因人而异选茶 …………………………………………………… 220

四、根据季节用茶 …………………………………………………… 220

五、饮茶禁忌 ………………………………………………………… 221

参考文献 ……………………………………………………………… 225

第一章　扁形茶产业概况

扁形茶茶叶主要是绿茶，鲜叶经过杀青后，在锅中边炒边理条，逐渐压扁成形，其外形扁平挺直，是浙江特种茶类之一。

一、扁形茶产业简述

松阳、缙云两县地处浙江省西南部,属中亚热带季风气候区,全年气候温和,冬暖春早,光热资源丰富,无霜期长,雨量丰沛。地域内山地资源丰富,森林覆盖率高,以中山、丘陵红黄壤为主,土层深厚,有机质含量高,土壤pH值4.0~6.0。松阳、缙云两县茶园总面积20.33万亩(1亩≈667 m^2,全书同),占丽水市一区七县一市茶园总面积的35.5%;其中投产茶园19.25万亩,占丽水市投产茶园面积的33.8%。2023年,松阳、缙云两县茶叶总产量21 800吨,总产值27.05亿元。其中扁形茶产量5 450吨,总产值11.32亿元,占茶叶总产值的41.85%。其中松阳县共有10万人从事茶产业,形成了"全县40%人口从事茶产业、50%农民收入来自茶产业、60%农业产值来源于茶产业的发展格局"。

为做强全产业链条,松阳县专门设立茶叶产业发展中心、茶叶检测中心等单位,为茶产业提供全方位服务。依托茶青市场、浙南茶叶市场将千家万户茶农与国内外市场相衔接,建立从茶叶种植管理、加工,到销售及精深加工等完整的茶产业链条。目前,全县建有上安、市口、阳溪3家大型茶青市场,鲜叶吞吐量占比80%以上。浙南茶叶市场辐射全国1 000万亩茶园,2023年实现年交易量8.17万吨、交易额67.2亿元,是全国最大的绿茶产地市场、中国绿茶价格指数发布市场。大力培育茶叶电商大户,截至2023年底,累计培育茶叶类网店1 500家,直播电商400余家,在第三方电商平台产生茶叶订单4 936.77万件,网络零售额42.47亿元,同比增长63.91%。获评全国电商进农村综合示范县、中国电子商务发展百佳县。浙江上河、松阳浩宇、高岸等5家茶机生产企业,年生产全自动扁形茶炒制机、全自动智能茶叶理条机5 000余台,产品销往全国各地。全县还有大小茶叶加工户3 500余家，拥有名优茶、精制茶、速溶茶粉、抹茶、茶爽、茶葆素、茶宁片、茶叶籽油等精深加工产品，2023年全县茶叶精深加工产品产值达7.72亿元。

缙云县近年来根据本县实际，大力实施一批茶产业项目，首批建设项目9个，即缙云茶叶市场发展中心建设、缙云县标准化茶叶加工厂建设、缙云垅坑横岙茶叶基地建设、缙云大佑山茶园建设、缙云轩黄美丽黄茶园建设、浙江晨龙黄茶基地设施配套建设、缙云县农产品加工小微园建设、缙云茶产业数字工程建设、缙云黄茶良种及绿色防控技术推广项目，总投资9 034.5万元，其中中央财政资金3 000万元，地方财政1 341万元，业主单位自筹4 693.5万元。同时，对参与茶叶产业提升项目的实施主体开展业务培训，邀请第三方机构及财政部门对项目实施主体进行项目建设规范化培训，确保项目顺利实施。邀请浙江大学、省茶叶研究所及县茶叶首席专家，对茶叶生产主体开展茶叶生产技术、茶园宜机化改造、茶叶机械化生产等方面技术培训，全面提升生产主体的管理能力与技术水平。全年共举办各类茶叶培训5场，培训茶叶生产主体200多个，有效推进全县生产技术和工艺设备升级，为建设茶叶清洁化加工生产线，实现茶叶生产加工的清洁化、连续化、智能化、标准化、现代化夯实基础。

二、扁形茶产业"机器换人"

为深入实施茶产业"机器换人"示范工程，提升茶产业农业机械化水平，近年来松阳、缙云两县积极开展茶产业"机器换人"示范乡镇、示范基地建设。

一是夯实组织领导。松阳县成立了以县政府分管副县长为组长、县政府办公室副主任和县农业农村局局长为副组长，发改局、公安局、财政局、农业农村局等相关部门分管领导、各乡镇（街道）负责人为成员的创建工作领导小组，建立政府牵头、多方协作、共同推进的茶产业"机器换人"示范县创建工作机制，有序推进示范县创建工作。缙云县成立了缙云县浙南早茶优势特色产业集群建设领导小组，由县农业农村局党组书记、局长为组长，县农业农村局党组成员、副局长为副组长，各科室成员为组员的领导小组，负责统筹协调。

二是制定实施方案。松阳县制定了《茶产业"机器换人"示范县创建工作实施方案》，明确示范县创建的指导思想、工作目标、创建措施、扶持政策、时间安排和工作保障等。通过开展智慧农机装备应用、农机农艺技术融合、社会化服务体系建设、实用人才培养、"平安农机"创建等，推进全县茶产业"机器换人"工作向高质、高效、全程、全面发展。缙云县出台了《缙云县农业"机器换人"高质量发展实施方案》《缙云茶业优势特色产业集群项目建设方案》，在项目实施过程中及时为实施主体提供产业发展相关信息，尤其是对建设数字化、标准化茶叶加工厂项目、茶园宜机化改造、茶叶综合服务中心等建设项目，按农业"机器换人"高质量发展要求开展建设。

三是强化政策激励。制定出台一系列鼓励"机器换人"的扶持政策，通过政策激励推进创建工作。如2018年出台《松阳县推进茶产业转型升级扶持办法》"鼓励'机器换人'、扶持茶机制造业"；2020年印发的《松阳县生态农业发展扶持办法》（松政办发〔2020〕3号）《松阳县创建省级茶叶产业"机器换人"示范县实施方案》（松政办通〔2020〕5号）文件，又出台了"实施首台套补贴、累加补贴、示范创建补贴"等扶持政策。

四是提升农机装备水平。立足补齐短板、拉升长板，整合茶产业转型升级、现代生态农业、农机购置补贴等项目资金，着力提升茶产业农机装备作业与应用水平。在茶叶种植、生产、加工各关键环节，大力推广现代茶园智能信息管理系统、全自动水肥一体物联网设施、自动虫情测报灯系统、植保无人机、轨道运输机、茶叶自动化生产加工流水线、茶叶智能色选机等新技术、新装备，促进茶叶生产加工机械化作业与应用水平稳步提高。

据调查统计，松阳县2023年全县有茶叶修剪机7 650台，茶园修剪机械化率达100%；茶园利用物联网太阳能杀虫灯2 890台、推广茶黑刺粉虱信息素诱捕器75万套，全县有机动植保机械5 200台，其中农用无人机24架、担架式喷雾机183台，茶园植保机械化率达100%；全县89%以上茶园道路畅通，陡坡茶园安装山地轨道运输机53条24 072米，服务茶园4 160亩，茶园运输机械化率达90%以上；全县有茶园耕作机1 050台，割灌除草机1 235台，茶园中耕除草机械化率达97%；全县有扁形茶炒制机、多功能理条机、揉捻机、杀青机等各类茶叶加工机械32 020台，茶叶自动化生产加工流水线17条，茶叶智能色选机93台，茶叶加工机械化率达100%。缙云县2023年全县拥有茶叶生产机械23 500台套，其中茶园植保机械2 300台，农用无人机10架，茶园植保机械化率达100%；茶园中耕机械1 100

台，除草机械2 200台，茶园中耕除草机械化率达98%；茶叶修剪机械1 400台，茶园修剪机械化率达100%；茶叶加工机械11 000台套，茶叶加工机械化率达100%。

通过茶叶产业"机器换人"高质量发展示范创建，智慧农机装备在茶叶种植、生产、加工各关键环节得到广泛推广与普遍应用，有效突破了茶叶生产中用工难、用工贵的瓶颈，有力推进浙南茶叶优势特色产业集群项目建设，提升茶叶产业发展优势，使松阳、缙云两县茶叶生产条件得到根本性改善，茶叶综合生产能力和科技支撑能力得到大幅提升，经济效益显著提高，产业竞争力明显增强，对促进地方经济发展，帮助农民脱贫致富具有重要的意义。

第二章　扁形茶生产及配套机械

　　扁形茶生产主要包括田间生产和配套机械两大部分，其中扁形茶田间生产主要含茶树品种、茶园建设、茶叶种植、茶园管理、病虫防控和茶叶采摘等内容；扁形茶生产配套机械主要包括耕作、除草、植保、灌溉、修剪和采摘等机械。

一、扁形茶生产

(一)茶树品种

1. 嘉茗1号(乌牛早)

乌牛早属灌木型,树姿半开展,分枝较稀,叶片椭圆形,叶尖钝尖,叶色绿而富有光泽,中叶类。该品种发芽特早,春芽萌发期一般在2月下旬,一芽三叶盛期在3月下旬;发芽密度较大,芽叶肥壮,富含氨基酸,春茶鲜叶氨基酸含量约4.2%,茸毛中等,一芽三叶百芽重40.5克。持嫩性较强,抗逆性较好,产量尚高,适制绿茶,尤其是扁形类名茶。所制扁形绿茶品质特征为:扁平挺直,色泽嫩绿,香高鲜,味甘醇爽口。

2. 龙井43

龙井43属于灌木型、中叶类无性系良种。树姿半展开,枝叶茂密,叶片呈椭圆或长圆形,叶面微隆起,叶尖钝尖,叶色深绿。该品种发芽早,春芽萌发期一般在3月中下旬,一芽三叶盛期在4月中旬;发芽密度大,育芽能力强,芽叶短壮,茸毛少,叶绿色,耐采摘,抗寒性强;但抗旱性稍弱,持嫩性较差。一芽三叶百芽重39.0克。产量高,适制绿茶,特适制龙井等扁形茶类。所制扁形绿茶的品质特征为:外形挺秀、扁平光滑,色泽嫩绿,香郁持久,味甘醇爽口。

3. 迎霜

迎霜属于小乔木型、中叶类无性系良种。树势直立,叶片呈椭圆形或长椭圆形，叶面微隆，叶尖渐尖，叶色黄绿。该品种发芽早，春芽萌发期一般在3月上旬，中旬可采芽芯，一芽三叶盛期在4月中旬；发芽密度中等，育芽能力强，生长期长，"霜降"时仍有芽叶可采。芽叶茸毛多，叶呈黄绿色，持嫩性强；抗逆性稍弱，一芽三叶百芽重为45.0克。产量高，红、绿茶兼制，尤其适制针形、扁形名茶。所制扁形绿茶品质特征为：香高鲜，味浓鲜。

4. 白叶1号

白叶1号属于灌木型、中叶类、中生种无性系茶树良种。植株较矮小，树姿半开张，分枝部位低，密度中等，叶片上斜或水平状着生。叶呈长椭圆形，叶色浅绿，叶身稍内折，叶缘平，叶尖渐尖上翘，叶齿浅，叶质较薄软。育芽能力较强，但持嫩性一般，抗逆力弱。该品种在春芽萌发至一芽二叶期时，芽叶为白色，叶脉呈淡绿色，鲜叶中氨基酸含量特高，随着叶片成熟和气温升高逐渐转为浅绿色，夏、秋茶芽、叶均为绿色，芽叶茸毛中等，一芽二叶盛期在4月中旬，百芽重16.3克。抗寒性强，抗高温较弱。扦插繁殖能力强。适制绿茶。所制扁形绿茶品质特征为：色泽翠绿，香气嫩香持久，滋味鲜爽，叶底玉白，汤色嫩绿明亮。

5. 鸠坑种（土茶）

鸠坑种属于灌木型、中叶类、中生种有性系品种。植株适中，树姿半开张，分枝较密，叶片水平或下垂状着生。叶色绿，有光泽，叶呈椭圆形、长椭圆形或披针形，叶色绿，叶面平或微隆起，叶身平或内折，叶缘平，叶尖渐尖，叶齿较疏锐，叶质中等。芽叶绿色，较肥壮，茸毛中等，一芽三叶百芽重40.5克。芽叶生育力较强，一芽一叶盛期在4月中旬。春茶一芽二叶含氨基酸3.4%、茶多酚20.9%、咖啡碱4.1%、儿茶素13.3%。产量高，抗寒抗旱性、适应性、结实性均强。适制绿茶，所制扁形绿茶品质特征为：色泽绿润，香高，味鲜浓。

6. 中黄1号

中黄1号植株中等，树姿直立，分枝中等。叶片水平或稍上斜状着生，叶呈椭圆形，叶色黄绿，叶面微隆起，叶身稍有内折，叶缘稍波状，叶尖稍钝尖，叶齿锐、浅、密。春梢呈鹅黄色，夏秋季新梢亦为淡黄色，成熟叶及树冠下部和内部叶片均呈绿色，一年生扦插苗为黄色，芽叶茸毛少，发芽密度较高，持嫩性较好。春茶一芽二叶含氨基酸7.1%、茶多酚13.3%。干茶外形绿透金黄，嫩香持久，滋味鲜醇，叶底嫩黄鲜亮，特色明显，品质优异。春茶一芽二叶含氨基酸≥6.9%、茶多酚≥14.7%、咖啡碱≥3.1%、水浸出物≥40.8%。适制扁形和卷曲形绿茶，干茶绿润透金黄，汤色嫩绿清澈透黄，香气嫩香，滋味鲜醇，叶底嫩黄鲜艳，呈现出"三绿透三黄"的独特品质特征。耐寒、旱性较强，适应性较好。该品种克服了一般黄化或白化品种适应性差、抗逆力弱的缺陷，抗寒、抗旱能力明显高于其他黄化或白化品种，与普通绿茶品种相当，适应性强，易于栽培管理。

7. 中黄2号

中黄2号属于灌木型、中叶类、中生种。植株中等，树姿直立。其春季新梢呈葵花黄色，颜色鲜亮，夏茶芽叶为绿色，秋茶新梢呈黄色，成熟叶及树冠下部和内部叶片均呈绿色。芽叶茸毛少，育芽能力较强，发芽密度较大，持嫩性强。春茶一芽二叶含氨基酸6.8%~8.3%、茶多酚12.4%~15.9%、咖啡碱2.8%~2.9%、水浸出物42.1%~46.4%（干重），内含物配比协调。干茶外形金黄透绿，汤色嫩绿明亮透金黄，清香，滋味嫩鲜，叶底嫩黄鲜活，特色明显，品质优异。该品种克服了一般黄化或白化品种适应性差、抗逆力弱的缺陷，耐寒性及耐旱性强，与普通绿茶品种相当，适应性强，易于栽培管理。

8. 中茶108

中茶108属于灌木型、中叶类、特早生种。叶片呈长椭圆形，叶色绿，叶面微隆，叶身平，叶基楔形，叶尖渐尖。树姿半开张，分枝较密，芽叶黄绿色，茸毛较少。发芽特早，春芽萌发一般在3月上中旬，一芽一叶盛期在3月中下旬。育芽力强，持嫩性好，抗寒性、抗旱性、抗病性均较强，尤抗炭疽病，产量高，抗逆性较强。适制名优绿茶，春茶一芽二叶干样约含氨基酸4.2%、茶多酚23.9%、咖啡碱4.2%。

9. 龙井长叶

龙井长叶属于灌木型、中叶类、无性系茶树良种。该品种发芽早，春芽萌发期一般在3月中旬，3月底可采一芽一叶，一芽三叶盛期在4月中旬；发芽密度较大，育芽能力强，芽叶黄绿色，茸毛较少，持嫩性好，抗旱、抗寒性强，适应性广，产量高。一芽三叶百芽重36.2克，适制绿茶，特别适制龙井等扁形绿茶。制出的高档茶，苗锋好，色泽绿翠，香气清高，滋味嫩鲜，汤色嫩绿明亮。

10.浙农117

浙农117属于小乔木型、中叶类、早生种。植株较高大，树姿半开张，分枝较密，叶片水平状着生，呈椭圆形，叶色深绿。发芽尚早，春芽萌发期一般在3月中旬，一芽一叶盛期在3月下旬至4月初；芽叶绿色，茸毛中等，一芽三叶百芽重52.0克。芽叶生育力强，一芽一叶盛期在3月下旬至4月初。产量较高，每亩产量可达150.0千克。春茶一芽二叶干样约含氨基酸3.4%、茶多酚24.5%、儿茶素总量16.0%、咖啡碱4.0%。制扁形茶时，外形扁平光滑，香高，味鲜醇爽口。抗寒性强，对晚霜危害表现较抗；抗旱性强，扦插繁殖力强。

11.浙农139

浙农139属于小乔木型、中叶类、早生种。植株较高大，树姿半开张，分枝较密，叶片水平状着生，呈长椭圆形，叶色深绿，叶面平，叶身平，叶尖急尖。芽叶呈深绿色、短小、肥壮、茸毛多，一芽三叶百芽重58.0克。芽叶生育力强，持嫩性强，抗寒性、抗旱性均强，但抗病性较差。一芽一叶盛期在3月上旬。产量高，每亩可达200.0千克。春茶一芽二叶干样约含氨基酸3.6%、茶多酚28.6%、咖啡碱4.9%。适制绿茶，色泽翠绿，显毫，香气高鲜，滋味鲜醇，品质优良；抗寒性与抗旱性均强，扦插繁殖力强。

（二）茶园建设

1.园地选择

茶园基地的选择要全面考虑气象、土壤、地形及周边环境等因素，必须选择远离污染源，并以水土保持为中心，山、水、园、林、路综合治理，路旁设沟渠，四周植树。

（1）气象条件。

①温度：茶树生长最适宜的温度在15~30℃，在10℃左右开始发芽，

在35℃以上高温、土壤水分不足的条件下，茶树生长就会受到抑制，幼嫩芽叶会灼伤；在10℃以下，茶树生长缓慢或停止；冬季，中、小叶种茶树可忍耐较低的极端低温，一般茶树生长的极端低温在-10～-7℃，年均活动积温大于3 700℃。

②水分：茶树喜湿忌涝，满足其正常生长的年降水量需要在1 300毫米以上，最适宜的年降水量为1 500毫米左右。同时，要求70%左右的降水量发生在茶树新梢生长和茶叶生产季节。如果生长季节月降水量连续低于50毫米，则茶叶生长受到抑制，产量和品质均会显著下降。茶树要求土壤相对持水量在60%～90%，以70%～80%为宜，空气湿度以80%～90%为宜。若土壤水分适当、空气湿度较高，则不仅新梢叶片大，而且持嫩性强，叶质柔软，角质层薄，茶叶品质优良。

③光照：茶树有耐阴喜阳的特性。在柔和的漫射光下，茶树光合作用有效性高，生长较快；含氮化合物如氨基酸等含量高，则绿茶品质好。在比较荫蔽、多漫射光的条件下，新梢内含物丰富、嫩度好、品质高。

（2）土壤条件。新建茶园土层要深厚，深度80厘米以上，土壤通透性良好，以呈酸性或弱酸性，pH值4.5～6.5为宜。一般长有映山红、铁芒箕（狼萁）、杉树、油茶、马尾松等植物的土壤为酸性，但正式选定时应测定pH值。土壤地下水位在100厘米以下。高产优质的茶园土壤有机质含量要求达到2.0%以上。

（3）地形。地形宜选择坡度在25°以下的丘陵和山地缓坡地带，以坡度3°～5°最为适宜。坡向对茶树生长也有较大的影响。一般背风向阳的南坡，适宜种植耐寒性较差的品种，但夏季易受干旱威胁，要注意抗旱保水。朝北坡冬季降温快，温度低，易发生冻害。山顶由于土地瘠薄，建园后一般较难获得高产；坡脚地段土壤较深厚肥沃，茶树长势旺盛。其他还应考虑水源、交通等条件。

2. 路沟规划

茶叶基地规划应以水土保持为中心，实行山、水、林、路综合配置，茶、林、农牧区合理布局，路旁设沟，园周植树，形成良好的生态环境。

（1）道路设置。园区应设置用于运输和茶园管理的机耕道、工作道和步道，并尽量利用瘦薄地段建路，相互连接成道路网。机耕道应连接茶厂、园外公路，要求路面宽4～5米，路旁植树，修筑排水沟。工作道应与机耕道相连接,要适应机械化生产的需求,要求路面宽2.5~3.0米,路旁植树,修筑排水沟。步道是茶园地块和梯层间的道路,要求路面宽1.5~2.0米。梯式茶园最好是每6~8个梯层设一条横步道,每隔40~60米设一条与横步道呈"之"字形(坡度在25°以下)的直步道。

(2)排灌系统设置。茶园要合理设置排水、蓄水和灌水系统。通常在茶园上方与荒山林地交界处设一条深50厘米、宽60厘米,沟壁为60°倾斜的排洪沟,以拦截茶园上方的雨水。在茶园下方与农田交界处开一条宽40厘米、深50厘米的排水沟,防止茶园内的水土冲入农田;在直步道两侧和横步道上侧开一条深、宽各为20厘米的排水沟,沟内每隔约2米设一略低于沟面的土墩,以缓和急流,减少水土流失;每10~30亩茶园应在机耕道侧旁建一个容积为5~8立方米的蓄水池,一般设在纵沟及横沟的出口处,或设在排水不良的积水处。有条件的地方,宜建立喷灌、滴灌或水肥一体等现代节水灌溉系统。

(三)茶叶种植

1. 种苗繁育

(1)母本园。母本园的茶树品种应是无性系原种园或直接从原种园引进的母本良种,要求生长健壮,无检疫性病虫害。一般每亩母本园每次可满足1.1~1.4亩苗圃的扦插用穗。

(2)苗圃。圃地选择地势较平坦,肥沃深厚,排灌良好,结构疏松,透气性良好,pH值在4.0~6.5的砂质壤土地块。若用熟地育苗,则应做好苗床土壤的消毒工作。苗床需进行二次翻耕,苗圃四周需开好50厘米宽的排灌沟。苗床宽100~120厘米,高10~15厘米,沟宽30~35厘米。

每亩苗床施腐熟农家肥150~200千克、过磷酸钙20千克作基肥,与苗床充分拌匀后平整畦面。育苗地畦高20~30厘米,宽110~120厘米,畦间沟宽30厘米整出种植畦,畦面铺3厘米厚红黄壤,四周开好排灌沟。铺好后灌水或浇水,使其充分湿润,待稍干,用扁平的木板适当敲打、刮平、稍压实。

苗床通常采用搭遮阳棚的方法遮阳。平棚高度应为120~150厘米。棚面盖上透光率为35%的遮阳网,棚面比畦面宽20厘米左右;弧形棚用竹片搭成40厘米高的弧形棚架,盖上透光率为35%遮阳网。

（3）短穗扦插。选择当年生、品种纯、腋芽饱满、叶片完整、呈棕红色或黄绿色的半木质化成熟枝条作插穗。剪取短穗长度2.5~3.5厘米，茎粗约0.3厘米，带有一张健全的叶片和一个饱满的腋芽。短穗上端剪口离叶柄3~4毫米，上端剪口盖住腋芽为宜，下端剪口必须与叶片平行，剪口平滑，不要撕破枝皮，不可伤腋芽。插穗枝条要求保持新鲜，短穗应随剪随插，当天剪当天用完。

①扦插：扦插地块以旋耕机松土，开沟机开沟起垄，沟宽20厘米，深25厘米，垄宽以1.2~1.5米为宜并覆盖塑料薄膜。10—12月扦插，扦插前用清水喷湿床面，待泥土不粘手时，按行距8~10厘米，株距2.5~3.5厘米，以叶不相叠为宜，每亩插20万~25万穗为宜。扦插时用拇指和食指捏住插穗上端，轻轻直插或倾斜插入土中，以露出叶柄和腋芽为准。边插边用手指将短穗基部泥土压实。插穗叶片的方向应顺着当时主要风向排列。扦插应于10：00时前或下午阳光转阴时进行，插后苗床应立即淋透水，随即进行遮阳或防冻处理。

②苗圃管理：扦插初期（7~10天），或用简易喷、滴灌或可移动植保机械，每天早、晚各浇水一次，以浇透为准；以后可每天浇一次。生根后，一般隔日浇水一次或数日沟灌一次，以保持苗床表土湿润为宜。

扦插苗圃的施肥应掌握"小量多次，先少后多"的原则，可用背负式机动喷雾喷粉机喷施肥料。在茶苗新根长出，新梢萌发时开始施第一次肥。夏插可在9—10月施一次追肥，秋插到翌年4—5月施肥。追肥可用浓度10%腐熟人粪尿或浓度0.5%的尿素或浓度15%的复合肥，结合浇水进行。每隔20~30天施一次追肥，浓度慢慢提高。

插穗生根后可进行除草，做到见草就拔，以防杂草与扦插苗争夺肥水。除草时，应将手按住草边的泥土连根拔去，除草后需洒水一次，使茶苗根系与土壤紧贴。短穗扦插后即进行遮阳，并根据茶苗生长情况，逐渐降低遮阳程度。秋插苗圃可在次年4月选阴雨天拆去遮阳物。

当苗高15~20厘米时，应及时打顶，摘去梢顶一芽一叶，促进茶苗分枝和茎秆增粗，提高出圃率。

短穗扦插后，要及时检查和防治病虫害，特别注意叶蝉、螨类、粉虱与茶蚜等虫害以及病害发生，用背负式电动喷雾器或担架式机动喷雾机，进行喷药。

（4）苗木质量。苗木质量要求应符合相关的规定，具体见表2-1。

表2-1 茶苗质量标准

级别	苗高（厘米）	根长（厘米）	茎粗（厘米）	着叶数（片）	品种纯度（%）	一级分枝数（个）	检疫性病虫害
一级	>25	>12	>0.3	>8	>98	1~2	不得检出
二级	>20	4~12	0.18~0.3	6~8	>98	0~1	不得检出

茶苗质量检验可以分别在出圃前和出圃后进行，出圃前，在苗圃观察，符合上述要求的可以出圃，不符合要求的可以继续培育；出圃后，对已出圃的茶苗进行检验，可采取以茶苗高度为主要依据，参考其他质量规格，对茶苗进行分级。不符合茶苗质量要求的作为后备苗，一般应再栽到苗圃继续培育。

2. 开垦移植

茶园开垦前应清理地面的柴草、树桩、乱石等。开垦以秋、冬季为好，开垦深度应在50厘米左右。如表土层有隔离层，应将隔离层彻底捣碎，以防积水，影响根系生长。

（1）平地、缓坡地开垦。平地的开垦方法比较简单，如果是熟地，经过深翻平整即可划行种植。坡度10°以下的平缓坡地在开垦时应由下而上，按横坡等高进行。生荒地分初垦和复垦。初垦深度在50厘米左右。复垦应在茶树种植前进行，深度一般在25~30厘米，碎土平整，以利划行种植。

（2）陡坡地开垦。坡地10°~25°应按等高线开水平带。为了防止水土流失，应修筑梯田，垦成水平梯级茶园。水平带最狭处应有1.5米梯面，水平带梯面要外高内低，水平带也应在主干道设立机械出入口，坡度不大于20°。梯面宽度视坡度不同应有所区别，一般坡度小于15°的缓坡，可修筑宽幅梯田，梯面也不必整成水平，茶行可顺坡等高布置。坡度大于15°的应修成窄幅水平梯田。

陡坡地的开垦应自下而上。开垦后，应将上一级梯田的表土翻下来铺于表层，然后再开垦第二级，然后再将上一级表土翻下，依次类推。再上一级的表土可从隔离沟中挖取。

梯壁主要有石坎、泥坎和草皮坎3种，以石坎为最好，但成本高。一般坎的高度为1~2米，倾斜度在75°左右。

园地开垦应注意生态建设，茶园四周或茶园内不适合种茶的空地应植树造林,主要道路、沟渠两边种植行道树。茶园的上风口应营造防护林,茶园边界种植防护林带,做到"头戴帽、脚穿鞋"以优化茶园生态环境。

3. 茶苗移栽

茶苗春季定植时间为2月底茶树发芽前;秋季定植时间为10—12月。选择在雨天前后定植,以提高成活率,具体可根据天气与劳动力情况灵活安排。

(1)合理密植。双行条植大行距1.5~2.0米,小行距35~40厘米,株距25~30厘米;单行条植行距1.5米,株距30厘米。每行起止点留50~70厘米空地。苗穴深7~10厘米。一、二级苗分开种植,每穴定植一级茶苗1株,二级茶苗1~2株。

梯坎茶园基线距梯边50~100厘米,由外向里定线,最后一行离山边隔离沟50~100厘米,遇宽加行,遇窄断行。为促进提早成园,可采用单条密植的方法种植,即小行距为1米,株距25厘米。这种栽培方法,在较好的肥培管理条件下,3足龄可正式投产,也能获得高产优质。

(2)开沟施肥。合理设计种植方向和茶行布置,可在种植行方向上铺撒底肥,再使用小型开沟机或多功能微耕机开挖种植沟,沟宽30~40厘米,沟深30~40厘米。

土壤深翻时必须同时结合施肥,底肥选用经腐熟农家有机肥、饼肥等。种植沟内每亩深施饼肥100~150千克或有机肥1 500~2 000千克。分层施肥,上盖30厘米新土。不使茶根直接接触肥料;山地茶园施入底肥后,形成一个"凹"形小水沟种植面,小水沟中间比两边低20厘米;易积水的田,施好底肥后做10厘米高畦面,清理水沟,确保排水通畅。

(3)茶苗栽植。移栽时,要注意选用植株大小适中、根系良好、生长健壮的茶苗。对合格茶苗进行进一步挑拣与分类,把优质苗与一般苗分开。一般中小叶种要求苗高30厘米左右,基茎直径0.5厘米左右。

①带土移栽:在起苗前1~2天浇灌1次透水,使苗床土壤湿润,以减少起苗时根系损伤。出圃茶苗要及时栽种,最好做到随起随栽,避免风吹日晒。出圃茶苗如果不能马上定植,则应进行假植。茶苗如需长途运输,应采取保护措施,可采取黄泥浆水蘸根,再用湿草包扎根部保湿,运输途中还要注意覆盖,防止茶苗过度失水。

②茶苗定植:在茶苗定植时,根据规划确定种植规格,按规定的行株距开好种植沟和种植穴。最好是做到现开现栽,保持沟(穴)内土壤湿润。因

扦插苗无主根，根系分布浅，定植时要适当深栽，一般栽到超过原泥门3~5厘米。栽植时，要一手扶茶苗，一手将土填入沟（穴）中，将填土覆至不露须根时，再用手将茶苗向上轻轻一提，使茶苗根系自然舒展，与土壤密接。注意不要损伤根系和根茎。然后覆土压紧，上加松土到原泥门高2~3厘米。随即浇足定根水，覆松土到根颈处，使植后雨水便于渗入根部。

③铺草覆盖：覆盖的材料，可用干茅草、稻草、麦秆等。每亩覆盖的干草用量为1 000~1 500千克。干草应铺在茶苗基部行间的地面上，作用是保湿、保温、保苗，抑制杂草生长，防止土壤冲刷和板结，调节土壤温、湿度，促进茶苗根系生长。

（四）茶园管理

1.苗期管理

苗期管理是指对一、二年生茶园的管理，其中心工作是保证全苗、壮苗，主要内容是铺草保水、插枝遮阳、浇水抗旱、除草保苗、适时补苗等。

（1）铺草保水。栽种以后立即铺草效果最好，但在夏季来临前必须加铺1次，一般每亩铺干草1 000千克或鲜草2 500千克。铺草前必须进行除草施肥，草铺在茶行两边，特别是小行间一定要铺上。有条件的可施一些发酵过的稀薄人粪尿，以提高苗期的抗旱能力。

（2）插枝遮阳。茶树是喜湿耐荫作物，在幼苗期由于茶园防护林、行道树和遮阳树未长成，生态条件差，相对湿度小，夏天阳光强烈，会使茶树叶片灼伤，严重的会使整枝茶苗晒死。在移栽的头一两年夏季必须做好遮阳，遮阳材料就地取材，可用松毛枝、麦秆，一般斜插在茶苗西南方向，高温干旱季节过后，及时清除遮阳物。

（3）浇水抗旱。茶树苗期既怕干，又怕晒，特别是移栽茶苗根系损伤大，移栽后必须及时浇水，以后每隔3~5天浇1次水，直至成活为止。若苗期出现旱情，则应立即浇稀薄粪水抗旱。具体在早晨或傍晚，用10%的人粪水浇苗，每周浇2~3次，直到旱情解除。

此外，合理间作豆类等，既可增加部分收入，增强地力，又能起到抗旱的作用。

（4）除草保苗。茶树苗期土地裸露面积大，种植行间常有杂草生长，与茶苗争夺肥水，影响幼龄茶苗生长。应做到见草就除。如一时错过季节，部分杂草较大，也要尽量在不伤苗的情况下拔除杂草。栽种当年，种植行内严禁松土，以免伤根。同时禁止使用各类除草剂，以免影响茶苗正常生长。

（5）适时补苗。新建良种茶园，一般均有不同程度的缺株，必须抓紧时间在建园后1~2年内将缺苗补齐。最好采用同龄的茶苗补。补苗要注意质量，沟开30厘米深，要施底肥，选择生长一致的茶苗，每穴补植2株。补植后要浇透水，在干旱季节还要注意保苗。

同龄苗来源：一是在建设新茶园时，事先有计划地在附近的土地上种植一部分同品种、同年龄的预备茶苗供今后缺株补植时用。二是采用同龄苗归并带土移植补缺法。当遇到缺株、断行较多而预备茶苗不足时，将同品种、同树龄的茶苗依次移掉几行，通过带土移栽的方法归并到缺丛断行的茶园中去。然后在移掉的空地上栽上新茶苗。

2. 树冠管理

优质丰产茶园树冠应具备下列条件：树高适中，灌木型茶树高度以80厘米左右为宜；树冠宽大，常规茶园树幅在130~135厘米，树冠覆盖度在85%以上；分枝结构合理，要求骨干枝粗壮且分布均匀，分枝层次多而清楚，生产枝健壮而茂密；叶层厚度适当，一般中小叶种叶层厚度在10~15厘米为宜，叶面积指数在3~4。要达到上述要求，需运用适时修剪和合理采养等技术。

（1）幼年茶树的定型修剪。定型修剪是奠定优质高产树冠基础的中心环节。通过对幼龄茶树和台刈后茶树的定型修剪，剪去主枝和部分高位侧枝，控制树高，培养健壮骨干枝，促进分枝的合理布局和扩大树冠。经几次定型修剪后，茶树分枝层次明显，有效生产枝增多，树冠覆盖扩大，为茶叶的优质高产打下坚实的基础。根据品种特性，幼年茶树定型需修剪3~4次完成。

一般在移栽后立即进行第一次定型修剪，用整枝剪在离地15~20厘米处留2~3叶剪去主枝，切忌在移栽前的整捆茶苗上修剪；第二次定型修剪在下一年进行，修剪高度为离地30~35厘米；工具用整枝剪或平型修剪机，要求剪平；第三次定型修剪一般在第2次修剪一年后进行，高度为离地45~50厘米，将篷面剪平即可。一般3年内完成定型修剪。

定型修剪可用修剪幅度小于75厘米的茶树修剪机进行修剪，以电动修剪机为宜。

（2）成龄茶树的修剪。成龄茶树的修剪分为轻修剪、深修剪、重修剪和台刈。

①轻修剪：轻修剪是生产茶园中应用最多、最广泛的一种修剪方法。轻修剪的目的主要是刺激芽叶萌发，解除对顶芽的抑制作用，使树冠冠面整齐，发芽粗壮有力，便于采摘和管理，提高产量和质量。

幼龄茶园经过定型修剪后，应再经过2次轻修剪，其作用是扩大采摘面、增加发芽密度、为茶叶高产打下基础。第1次轻修剪在第3次定型修剪后的当年秋末或翌年春芽萌发前进行，下年度再进行第2次轻修剪。每次修剪可在原剪口上提高8~10厘米，等茶树高度达到70厘米左右时，按采摘茶园轻修剪的要求进行。

对于成龄茶园，为了调节新梢密度和保持冠面平整，可每年进行1~2次轻修剪，程度在上次剪口上提高3~5厘米。轻修剪宜轻不宜重，一般剪去冠面上的突出枝条或剪去冠面上3~5厘米的枝叶。采摘龙井茶等名优茶的茶园，为有利于早采或多采名优茶，宜在春茶采摘后（5月上中旬）剪去冠面3~5厘米的枝叶，阳坡茶园可在夏末秋初进行（8月下旬至9月中旬）。也可在10—11月进行轻修剪，以利于翌年春茶机采。平篷茶园受轻度霜害时也可进行轻修剪，剪去受害部分，以刺激茶芽重发。

②深修剪：茶树经多次轻修剪和连年采摘，树冠逐年增高，冠面上的分枝密集而瘦弱，形成鸡爪枝，水分和养分输送受阻，育芽能力弱，萌发的芽叶瘦小，对夹叶增多，产量和品质下降，采摘十分不便。对这种树冠常采用深修剪的措施，剪除"鸡爪枝"，使之形成新的树冠，恢复树势，提高产量，改善品质。

深修剪的修剪深度因树冠面貌而异，以剪除"鸡爪枝"为原则，一般要剪去绿叶层的一半，即10~15厘米。茶树深修剪的时间与轻修剪相同。但由于深修剪后当年茶树处于恢复生长期，茶叶减产，尤其是春茶产量损失大，为了减少损失，宜将深修剪时间改在春茶提前结束后（5月上中旬）进行。春茶可实行强采，做到早停采、早修剪。因这时期剪后新梢萌发期巧遇梅雨季节，水、温、气等自然条件好，有利于新树冠的养成。

③重修剪：重修剪的对象主要是未老先衰的茶树和一些树冠虽然衰老，但骨干枝及有效分枝仍有较强生育能力的茶树。这类茶树仍具有一定的绿叶层，但枯枝较多，育芽能力极弱，芽叶瘦小，叶张薄，对夹叶多，鲜叶自然品质差，产量低。通过重修剪改造后，重新培养生机旺盛、枝叶繁茂、优质

高产的新树冠。

重修剪的高度一般在茶树离地30～40厘米处剪去地上部树冠较为合适。重修剪一般应在春茶后进行，剪去茶树树冠的一半，留高40～50厘米，然后逐年提高树冠，培育良好的采摘篷面。荒芜茶园改造可采用重修剪，在春茶前进行。修剪前应清理茶园杂草，施入肥料，上面覆盖修剪枝叶，以利于茶园快速恢复生机。留养茶园要改为平篷机采茶园的，可在春茶后进行重修剪。

生产名优茶与剪取插穗相结合的母本园，常在春茶结束后进行重修剪。此法一般养的插穗枝条较长，增加了插穗的数量，一般每亩可剪取插穗500千克以上，可获得一定的收益，只要加强管理，翌年的春茶不会受到较大影响。

④台刈：适用于树冠衰老、枝干灰白、叶片稀少、失去有效生产能力的茶树，在茶树离地5～10厘米处剪去全部枝条。台刈要求剪口光滑、倾斜，切忌砍破桩头，以利切口愈合和抽发新枝，台刈的时间宜在春茶后进行，用割灌机或茶树修剪机将衰老茶树地上部分枝条在离地10厘米处全部刈去，重新全面塑造树冠。台刈后的茶树要注意留养，经2～3次定型修剪后即可投入正常采摘。

3. 土壤管理

茶园应注意保持水土，应经常维修和保养茶园排、灌水系统和梯田，防止梯壁崩塌和圳道淤塞，达到能排能灌。茶园应定期耕作，合理的耕作、除草，可以改善和调节土壤的物理结构与水、气状况，减少茶园养分和水分的消耗，有利于茶树根系对水分和养分的吸收。合理的耕作可以疏松土壤，促进土壤微生物活动，加速茶树根系的更新和生长。适时耕作、及时铲除茶园杂草，还能减轻茶园病虫害的发生。

（1）浅耕。浅耕一般在生产季节进行，为了避免大量损伤茶树吸收根，深度不超过15厘米。它的主要作用是破除土壤板结，改善土壤的通气和透水性状，消灭茶园杂草。浅耕还能提高土壤保水蓄水能力，减少土壤水分的损耗。由于浅耕改善了土壤的物理结构，在降雨季节还能提高土壤的保水、蓄水能力；在旱季，因土壤的毛细管被切断，土壤蒸发作用降低，减少了土壤水分的损失。

浅耕时间及次数，应根据当地茶园的土壤状况、土壤保水蓄水能力、杂草生长情况及茶树年龄的不同而灵活掌握。土壤板结、保水蓄水能力差、杂草丛生、茶树处在幼苗期的茶园，浅耕次数就应相对多些；反之，可减少浅耕次数。一般生产茶园每年浅耕3次是必不可少的，即分别在春茶前、春茶后和夏茶后各浅耕1次。

①春茶前浅耕：一般在2月进行。茶园经过冬季几个月的雨雪，土壤已板结，此时土温较低，通过浅耕，可以疏松土壤，易于表土干燥，使土温升高，有利于春茶提早萌发。

②春茶后浅耕：时间在5月下旬至6月上旬进行。此时气温较高，降水量较多，茶园土壤经春茶采摘已被踩得板结，雨水不易渗透，同时也是夏季杂草开始萌发、生长的时期。此时浅耕可提高土壤保水蓄水能力，减少夏季杂草滋生。

③夏茶后浅耕：时间约在7月中旬。此时天气炎热，处在高温干旱期，土壤水分蒸发量大，又是夏季杂草的旺盛生长期。及时浅耕可铲除杂草，减少土壤养分和水分的消耗；同时可切断土壤毛细管，降低土壤水分蒸发量。幼龄茶园株间宜浅耕，深为3～4厘米，茶行间耕深为10厘米左右，茶丛间杂草用手拔除。

浅耕方法可用人工作业，也可用机械作业。人工作业，即用锄头和刮子耕锄。机械作业即采用小型茶园耕作机，可提高工效8～10倍。

（2）深耕。茶园深耕一般在秋季茶园采摘后，根系活动旺盛时进行。深度一般在20～30厘米。深耕可以改善土壤的物理性状、提高土壤肥力。但深耕时大量损伤了茶树根系，不同程度地影响了茶树生长，甚至造成茶叶产量下降。因此，深耕必须配合施基肥。一般在行间空隙较大的茶园深耕是必要的。密植茶园树冠郁闭、落叶层厚、土壤松软、杂草稀少，一般不深耕，可以在结合树冠改造时深耕。

深耕一般每年1次，在茶季结束后的9—10月进行，与秋冬茶园施用基肥相结合，这样有利于茶树根系迅速恢复生长。如在10月后深耕，则对茶树根系的恢复生长极为不利。

深耕包括人工深翻和机械深耕两种。成龄投产茶园的深耕深度一般不超过30厘米，宽度以40～50厘米为宜，不要太靠近茶树根茎部位。人工深翻即用锄头等工具进行深翻，行中间可略深，树冠下应略浅，以免过多地损伤根系。机械深耕，即用茶园作业机进行耕作，可节约工时，提高工作效率。

（3）除草。及时清除杂草，减少茶园土壤养分和水分的消耗，是实现茶叶优质、高产的一项重要措施。茶园杂草可按季节分为春草、夏草、秋草，茶园中的许多恶性杂草大多生长在夏季。清除茶园杂草一般可与茶园的浅耕和深耕结合进行，但在杂草旺盛季节应单独进行人工除草或喷洒除草剂。除草剂应做到定向喷雾，不要污染茶叶，要适当延长茶叶采摘的间隔期。

幼龄茶树根周围的杂草直接拔除，可用割灌机加装除草装置对间隔区除草。幼龄茶园可采用覆盖膜，在茶树周边及间隔区覆盖专用除草膜。

（4）土壤改良。长期大量施用化肥易造成土壤板结酸化。对于土壤pH值低于4.0的茶园，宜通过白云石粉、石灰等土壤酸化改良剂来提高土壤pH值，使其达到4.0~5.5。

4. 施肥管理

茶园施肥是以土壤养分为基础，根据作物需肥规律、土壤供肥性能和肥料效应，在合理施用有机肥的基础上，提出氮、磷、钾及中微量元素的施用量、施肥时间和施用方法。

（1）施肥以土壤检测分析为依据。茶园土壤养分含量检测结果见表2-2和表2-3。根据检测结果，山地、大田高产茶园土壤普遍氮、磷含量丰富，尤其是磷富集，钾、镁含量较低，因此应增施钾肥（硫酸钾）、镁肥（硫酸镁），可停施磷肥1~2年；因磷与锌有拮抗作用，大部分茶园应补施锌肥（以硫酸锌与冬基肥拌沟施）。新开发山地茶园、低产老茶园缺磷显著，应增施磷肥。从测定结果可以看出，茶园土壤养分含量变幅较大，有条件的茶园应进行测土配方施肥。未能定期开展土壤检测分析的茶园，可参照邻近地块、相同管理水平、同类土壤实施配方施肥。

表2-2 茶园土壤养分含量检测结果

项目	有机质（克/千克）	水解性氮（毫克/千克）	有效磷（毫克/千克）	速效钾（毫克/千克）	pH值
无公害茶园指标	≥10	≥80	≥15	≥80	4.0~6.5
高产优质茶园指标	≥20	≥100	≥20	≥100	4.5~6.0
检测结果范围	9.1~101.0	43.4~189.0	0.1~633.7	2.0~202.0	3.5~6.7
检测结果平均值	22.2	102	108.7	75	5.31
山地茶园平均值	20.6	91	36.5	62	5.52
大田茶园平均值	23.2	107	153.9	84	5.17
有机茶园平均值	31.6	112	11.7	62	5.24
大田新开发茶园均值	17.4	98.7	62.0	101	6.2
山地新开发茶园均值	16.6	42.8	0.5	56	6.16

表2-3 茶园土壤主要矿质营养元素检测结果　　　　（单位：毫克／千克）

项目	钙	镁	锰	锌	铜	铁
无公害茶园指标	5 000以下	≥40	30～80	≥2.0	≥1.0	≥4.5
高产优质茶园指标	2 000以下	≥50		≥2.0	≥1.0	≥10
检测结果范围	108～2 383	9～146	1.2～191.8	3.3～65.4	1.4～10.8	24.2～414.6
检测结果平均值	468.93	40.93	20.26	17.45	3.89	205.37
检测结果标准差	282.00	23.61	30.43	12.06	1.73	81.03

（2）依据茶树品种、树龄、产量，制订相应的茶园施肥方案。

①不同茶树品种对养分的需求不同：如龙井43要求较高的氮肥、磷肥和钾肥施用量，而安吉白茶则施肥量不能过高，龙井长叶对钾肥的需求较高；乌牛早、平阳特早、龙井43、中茶108萌芽特早，要求秋冬基肥配施速效化肥，提早施催芽肥。

②树龄和产量不同：施肥量及氮、磷、钾三要素比例、各季施肥量也不同。新开垦和幼龄茶园施肥应氮、磷、钾并重，三要素用量比例为2∶1∶1；年追肥用量：1～2年生，每亩施纯氮5～7.5千克；3～4年生，每亩施纯氮7.5～10千克；5～6年生，每亩施纯氮10～12千克。成龄采摘茶园施肥以氮为主，辅以磷、钾肥。施肥量按每生产100千克干茶施纯氮12.5～15.0千克计算，三要素用量比例为（3～5）∶1∶（1～2），并结合茶园土壤养分含量、肥料利用率、茶树生长和修剪消耗养分等因素作相应的调整。但是，化学氮肥（以纯氮计）每亩每次施用量不能超过9.2千克（相当于尿素20千克），年最高用量不得超过40千克（相当于尿素87千克）。基肥与追肥用量比例为60∶40，追肥中春、夏、秋季用量比例为50∶20∶30。

（3）因地制宜、合理搭配、平衡施肥。

①有机肥和无机肥应平衡：要求基肥以有机肥为主，追肥以无机肥为主。

②平衡施肥：氮肥与磷钾肥，大量元素与中微量元素平衡。

③基肥和追肥、根部施肥和叶面施肥平衡：在根部施肥的基础上配合施叶面肥，秋冬季要重施基肥，在土壤干旱或施用微量营养元素时，采用叶面施肥以发挥肥效。

④根据土壤、茶树、气候等因素准确掌握施基肥和追肥的时间、种类、数量和方法：一般茶园施肥次数要求1次基肥4次追肥，经常叶面喷肥，高产茶园可在春茶期间和秋茶期间分别增施二次追肥，以满足茶树对养分的持

续需求。不同土壤条件和类型茶园的施肥建议见表2-4。

表2-4 茶园施肥建议

茶园类型	每亩茶园建议施肥量
常规茶园	成林茶园：目标产量120~150千克，基肥：精制有机肥或饼肥120~150千克，硫酸镁肥10千克，硫酸锌2千克，尿素12~15千克，硫酸钾5~7.5千克；春季催芽肥：氮磷钾（22：5：13）的硫酸钾型复合肥30~40千克，尿素20~30千克，分两次施用；夏秋追肥：氮磷钾（22：5：13）的硫酸钾型复合肥20~30千克，分多次施用
山地茶园	成林茶园：目标产量100~120千克，基肥：精制有机肥或饼肥150~200千克，硫酸镁肥10千克，硫酸锌2千克，尿素12~15千克，硫酸钾5~7.5千克；春季催芽肥：氮磷钾（22：5：13）的硫酸钾型复合肥20~30千克，尿素10~20千克，分两次施用；夏秋追肥：氮磷钾（22：5：13）的硫酸钾型复合肥10~20千克，分多次施用
大田茶园	成林茶园：目标产量150~180千克，基肥：精制有机肥或饼肥200~300千克，硫酸镁肥15千克，硫酸锌3千克，尿素15~20千克，硫酸钾5~10千克；春季催芽肥：氮磷钾（22：5：13）的硫酸钾型复合肥20~30千克，尿素15~30千克，分两次施用；夏秋追肥：氮磷钾（22：5：13）的硫酸钾型复合肥15~30千克，分多次施用
有机茶园	基肥：经无害化处理的农家有机肥(畜栏、粪、厩肥等) 1 500~2 000千克，或饼肥200~300千克，或有机认证机构颁证或认可的生物商品有机肥200~300千克，并配合部分矿质肥料(磷矿粉25~50千克，矿产钾镁盐15~30千克)或微生物肥料(磷细菌、钾细菌)。追肥：采用腐熟的有机液肥在根际浇施，或用生物商品有机肥100~150千克，分别在春茶和夏茶前沟施。提倡茶园行间铺草、间作绿肥或散养土鸡
大田新开发茶园	基肥：精制有机肥或饼肥400~500千克，硫酸钾10~15千克；春季追肥：氮磷钾（23：10：14）的硫酸钾型复合肥5~10千克，尿素5~10千克，分两次施用；夏秋季追肥：尿素5~10千克，分多次施用
山地新开发茶园	基肥：精制有机肥或饼肥400~500千克，钙镁磷肥20~30千克，尿素10~150千克，硫酸钾10~15千克；春季追肥：氮磷钾（15：15：15）的酸钾型复合肥5~10千克，尿素5~10千克，分两次施用；夏秋季追肥：尿素5~10千克，分多次施用

（4）施肥要做到"深"和"早"。

①肥料要适当深施：茶树种植前，底肥的深度要求在30厘米以上，基肥应达到20厘米左右，追肥深度应达到5~10厘米，原则上不宜撒施，否则遇大雨时会导致肥料被冲散而损失，遇干旱时造成大量的氮素挥发而损失，甚至造成肥害。

②肥料要适当早施：进入秋冬季后，随着气温降低，茶树地上部逐渐进入休眠状态，根系开始活跃，但气温过低，根系的生长也减缓，故早施基肥可促进根系对养分的吸收。要求基肥在10月施下。催芽肥施用时间也要早，一般要求比名优茶开采期早1个月左右，应在2月施下。夏秋季追肥应在每轮茶萌发前10~15天施下，应分别掌握在5月中旬、6月下旬至7月上旬

施用。

(5)茶园施肥要与其他技术措施相配套,以充分发挥施肥的效果。

①施肥方式因天气、肥料种类不同而异:这一点在季节性干旱、土壤黏重的低丘红壤茶园显得尤为重要。如天气持续干旱,土壤板结,施入的肥料不易溶解,难以被茶树吸收;雨水过多时期或暴雨前施肥则易导致肥料养分淋溶而损失。根据肥料种类采用不同的施肥方式则可提高肥料的利用率,如尿素等氮肥在土壤中溶解快,容易转化为硝态氮,而硝态氮不是茶树喜欢的氮素来源,又易渗漏损失。因此,茶园施化学氮肥时不能一次性施得过多,以每亩每次不超过1.5千克为宜;磷肥则与氮肥相反,在土壤中极易固定,集中深施有利于提高磷肥的利用率。

②施肥与土壤耕作、茶树采剪、病虫防治相配套:如施基肥与深耕改土相配套,施追肥与锄草结合进行,既节省成本,又能提高施肥效益;免深耕茶园提倡使用Agri—SC免深耕土壤调理剂;采摘名优茶为主的茶园应适当早施、多施肥料;幼龄茶园和重剪、台刈改造茶园应多施磷、钾肥等。病虫为害严重的茶园,特别是病害较重的茶园应适当多施钾肥,并与其他养分平衡协调。叶面施肥与病虫害防治结合进行,在茶园防治病虫害时,结合叶面施肥,省工增效,一举两得。

5. 水分管理

茶树的水分含量,一般占全株重量的60%左右,在旺盛生长季节,嫩芽叶的含水量可高达75%~85%。水分不足和过多,都会对茶树的生命活动带来不良的影响。在旱季,茶树在高温及光照条件下,若水分不足,轻则出现芽叶凋萎,重则叶片枯焦,以至枝条枯死。而在水分过多时,尤其是地下水位高的情况下,则造成土壤供氧不足,直接影响茶树根系生长和对营养物质的吸收,长此以往,会导致烂根。轻则发育不良,叶片发黄,育芽能力差,芽叶生长缓慢,重则可使茶树死亡。一般认为土壤相对含水量保持在70%~80%,对茶树生长最为有利。

茶树水分管理工作的目的在于为茶树创造适宜的水分条件,保证与促进茶树正常的生长发育。

(1)茶园灌溉。夏季、秋季常会发生旱害,茶区降雨不足,遇到这种情况,就应当及时灌水补充。干旱持续时间越长,灌溉的增产效果越显著;同时,灌溉使茶叶的自然品质有了保证。更值得指出的是,在旱季对茶园进行灌溉，避免了茶树由于旱害而导致树势衰退，维护了茶树的正常生长，对下一年春茶的产量、质量十分有利。

茶园灌溉的方法主要有喷灌、滴灌和漫灌。

①喷灌：茶园喷灌系统主要由水源、输水渠系、水泵、动力、压力输水管道及喷头等部分组成，其工作原理是借助水泵和管道系统或利用自然水源的落差，把水通过喷头（或喷嘴）喷到空中，散成小水滴或形成弥雾降落到植物上和地面上的灌水方法。按各部分的组合情况与可移动的程度可分为固定式、移动式和半固定式3种类型。固定式喷灌系统，除喷头外，均固定不动，其干、支管道常埋设在茶园土层内，由水源、动力机和水泵构成泵站，使用时操作方便，节省劳力，适用于灌水期长的茶园和苗圃地，生产效率高，但投资大，要专门设计，在茶园中铺设管道，合理安装喷头。移动式喷灌系统由动力设备、有压输水管道和喷头组成，设置在有水源的茶园，使用方便，较为灵活。但它在使用时，转移搬动多，路与渠道占地较多。半固定式喷灌系统，干管埋设地下，采用固定的泵站供水或直接利用自然水源。

茶园喷灌与地面灌水方法相比，可使灌水量分布均匀，能节水50%以上，水的利用率达80%左右。喷灌可改善茶园小气候，促进茶树生长，经济效益较高。同时，喷灌机械化程度高，适应地形能力强，因此可成倍地提高工效。此外，喷灌系统还可提高土地利用率达10%左右，如果配合喷施根外追肥、化学农药除草剂等可发挥其综合利用效益。

②滴灌：所谓滴灌，顾名思义即滴水灌溉。将灌溉水（或液肥）在低压力作用下通过管道系统，送达滴头，由滴头形成水滴，定时地向茶树根际供应水分和养分，使根系土层经常保持适宜的土壤湿度，能提高茶树对水分与肥料的利用率，从而达到节水增产的目的。

滴灌系统主要由枢纽、管道和滴头3部分组成，水源通过水泵加压、过滤器过滤，需要时再在肥料罐中掺入可溶性肥料，经过管道系统输入田间。枢纽包括动力、水泵、水池（或水塔）、过滤器、肥料罐等。管道包括主管、支管、毛管以及必要的调节设备（如压力表、闸阀、流量调节器等），其作用是将加压水均匀地输送到滴头。滴头的作用是使水流经过微小的孔道，形成能量损失，减小其压力，使它以点滴的方式滴入土壤中。滴头通常放在土壤表面，亦可以浅埋保护。

滴灌系统按工程大小分为大系统滴灌工程和小系统滴灌工程。首先看大系统滴灌工程，大系统滴灌工程一般应用于200亩以上的大田。在大系统滴灌工程中，主管和支管一般都埋在地下，毛管和滴头都布置在地面。小系统滴灌工程一般应用面积较小。小系统滴灌工程一般是二级式，只有主管和支管两级管道，滴灌带直接安装在支管上，它们都直接铺设在地面上，这样方便后期的维修和管理。

茶园滴灌有利于节省用水量，在旱热季节，滴灌水的有效利用率可达90%以上，比沟灌节水2倍左右。同时，茶叶增产效果明显，有利于品质改善的内含物成分增加。另外滴灌消耗能量少，适用于复杂地形，又能提高土地利用率。滴灌的主要缺点是滴头和毛管容易堵塞；材料设备多，投资大，田间管理工作较烦琐。目前我国茶园滴灌应用较少，尚处于试验阶段，有待总结提高。

③漫灌：又称流灌，即在茶园中修筑水渠，一般利用地形让水从高处流向低处，让其自然渗透。漫灌水的有效利用率较低，灌溉均匀度也较差，一般适用于水资源丰富的地区。

茶园灌溉效果的好坏，虽然与灌水次数与灌溉水量有关，但更重要的还要看是否适时，也就是说要掌握好灌水的"火候"。我国茶农历来对灌溉有"三看"的经验：一看天气是否有旱情出现，或已有旱象，是否有发展趋势；二看泥土干燥缺水的程度；三看茶树芽叶生长与叶片形态是否缺水。现在人们已在"三看"经验的基础上制定了茶园灌溉的技术指标，进行综合分析，从而科学地确定茶园灌溉的适宜时期。

（2）茶园铺草。茶树行间铺草是一项传统的栽培措施。旱季铺草的茶园，其土壤耕作层的含水率比不铺草的茶园一般可提高5%~10%。

茶园铺草以铺盖后不见土面为宜。一般草层厚度在10~15厘米，每亩铺草料2 000千克左右。铺草材料就地取材，可用稻草、麦秆等农作物秸秆，也可用细嫩杂草、幼嫩枝叶，还可利用周边杂地、路边、沟边种植一些绿肥，收割后作为铺草材料，茶园修剪下的枝叶，若无病虫害，亦可留园覆盖。

茶园铺草全年都可进行，以防旱为目的的铺草，宜在旱季来临之前进行，一般应在出梅前铺草。铺草前应先清除茶园杂草。平地和梯地茶园，可进行散铺。坡地茶园应采用顺坡横向铺盖，并稍加泥土压盖，以阻断地表径流，提高茶园接纳雨水的能力。

6.茶园防冻

在寒潮来临之前，要及时做好翻耕培土、施肥和行间铺草等工作。在茶园行间多施一些牛栏粪、焦泥灰、磷钾肥等肥料，有利于提高土温。施肥后应及时进行培土。

在茶树基部培8~10厘米厚的新土层，以防根系外露造成冻害。水土流失严重的梯级茶园，更要做好培土工作。培土后可就地取材，利用柴草、稻草等铺盖茶树行间及根部，提高土壤温度，保持土壤湿度。在寒潮来临前，还可用稻草、杂草或薄膜等进行篷面覆盖，开春后及时揭去覆盖物，达到防止茶树受冻，促进茶树春季早发芽、发壮芽，实现春茶优质高产的目的。

冻害是茶树遭受的主要天气灾害。茶树遭受冻害后，轻则影响茶叶产量和品质，重则造成严重落叶乃至全株枯死。

（1）冻害类型。根据茶树冻害发生的季节可分为越冬期冻害和萌芽期冻害，按不同的受害成因，可分为冰冻、干冻、雪冻和霜冻。

①越冬期冻害：冰冻主要是茶树在越冬期，遭遇雪后连日阴雨结冰天气，气温低于-5℃，成叶细胞开始结冰，若再加上空气干燥和土壤结冰，土壤中的水分移动和上升受阻，叶片由于蒸腾失水过多而出现寒害，受寒叶呈赤枯状。茶苗则由于土壤结冰，将苗抬起，根部松动，细根拉断而干枯死亡。

干冻主要在强大寒潮袭击下，温度急剧下降，伴之干冷的西北风，叶片被吹落，茶树体内水分蒸发过速，叶片多呈青枯状卷缩，而后脱落，枝条也干枯开裂。

雪冻主要在下雪后，在融雪时吸收了茶树和土壤中的热量，再遇低温时，地表和叶面都可结成冻壳，出现覆盖-融化-结冰-解冰-结冰的现象，这种骤冷骤热，一冻一化，使茶树部分细胞遭到破坏，造成冻害。受冻多出现在上部树冠，向阳面往往受害较重。

②萌芽期冻害。茶树萌芽期冻害主要是霜冻。霜冻分早霜冻和晚霜冻。早霜冻多发生在秋末。对名优茶影响最大的是晚霜冻。晚霜冻多出现在3—4月，此时大地回春，茶芽开始萌发，有的早生品种已到收获季节，若遭晚霜危害，轻则造成芽叶叶尖变红，重则造成成片芽叶焦枯，严重影响名优茶的产量和质量。

（2）冻害预防。预防或减轻茶树冻害，应从提高茶树本身对低温的抵抗力和改善环境条件着手。

①越冬期冻害预防：生长季节加强肥培管理，注意病虫害防治，实行采养结合，促进茶树健壮成长，以积累较多的有机物质，提高对低温的抵抗能力。秋冬应重施基肥，尤其是注重有机肥的施用，以利提高地温。

高山茶园的留叶时期与茶树冻害关系密切，秋茶后期留叶，因过冬时叶质柔嫩，易遭冻害。留叶时期应在春茶末或夏茶初，这些叶子过冬时已成熟，抵抗低温的能力强，利于茶树安全过冬。

茶园行间铺草，既可抗旱，又可防冻。铺草茶园冬季地温比不铺草茶园可提高1~2℃，可减轻冻土程度和深度，保持土壤水分。

秋季在茶园行间套种越冬绿肥，覆盖地面，可提高土壤温度，有利于减轻冻害，春季这些绿肥又可以当肥料。适宜套种的绿肥有豌豆、苕子、苜蓿等。

茶园建立防护林能降低区域内风速、调节温度、提高湿度、减少蒸发量，还能明显地改善茶园小气候。高山茶园在迎风口种植防护林带，可有效抵御寒潮袭击。

②晚霜冻的预防：晚霜冻对龙井茶等名优茶的影响大，积极做好晚霜的预防十分重要。晚霜冻的预防，除采取越冬期冻害的预防措施外，还可采取以下措施。

熏烟驱霜。熏烟的作用是在茶园空间形成烟雾，防止热量的辐射扩散，利用"温室效应"预防晚霜冻，效果明显。方法是当晚霜来临之前，根据风向、地势、面积设堆，气温降至2℃左右时点火，既防晚霜冻又积肥，一举两得。

喷水洗霜。有水源及喷灌设备的茶园，可利用这些设备，当晚霜危害时，进行喷水，把附着在茶树芽叶上的霜洗去。

覆盖防霜。在低温寒潮来临之前，用稻草、草帘、遮阳网等覆盖篷面，以保护茶树，抵御霜冻。

风扇防霜。在茶园中装设风扇，当风扇探头检测到茶园内茶丛顶部的空气温度低于4℃时，自动启动风扇，将高空相对较暖的空气吹向茶丛，减轻晚霜冻害。

（五）病虫防控

茶树病虫害防治要贯彻"预防为主，综合防治"的方针，采取植物检疫、农业防治、物理防治、生物防治和化学防治相结合的绿色防控技术。农业防治要利用茶树栽培管理措施，改善茶园生态环境，形成良好的立体农业生态系统。物理防治要利用茶园害虫趋光性和昆虫性息素结合害虫的习性和栖息场所采用黄板、杀虫灯等诱杀害虫。生物防治要采取积极的措施给天敌创造良好的生态环境，保护和利用好茶园中害虫的天敌，如蜘蛛、瓢虫、青蛙、蜥蜴和鸟类等。以植保无人机、喷雾机等机械，施用常用农药，有微生物源农药、活体微生物农药、动物源农药、植物源农药、矿物源农药。化学防治要按国家相关的规定执行，控制化学农药用量。严格执行农药安全间隔期，间隔期内不应采摘鲜叶。

1. 主要害虫防控

害虫是茶叶生产中最重要的自然灾害，常见的茶树害虫有40余种，主要产生为害的是食叶型害虫和吸汁型害虫。

（1）茶尺蠖。俗名拱拱虫、拱背虫、吊丝虫，是茶树的主要害虫之一，分布在各主要产茶区，寄主除茶树外，还有大豆、豇豆、芝麻、向日葵、菊花、辣蓼等植物和杂草。

①形态特征：成虫体长9~12毫米，翅展20~30毫米，有灰翅型和黑翅型两类。1龄幼虫体呈黑色，后期呈褐色，体长1.8~4.0毫米；2龄幼虫体呈黑褐色至褐色，体长4.0~7.0毫米；3龄幼虫体呈茶褐色，体长7.0~12.0毫米；4~5龄幼虫体呈深褐色至灰褐色，体长12.0~32.0毫米。

②为害特征：幼虫咬食叶片，严重时可将成片茶园食成光秃，严重影响茶叶产量和品质。初孵幼虫十分活泼，善吐丝，有趋光性、趋嫩性。3龄前幼虫在茶园中有明显的发虫中心。幼虫喜取食嫩芽叶，待嫩芽叶食尽后取食老叶；1龄幼虫取食嫩叶叶肉，留下表皮，被害叶呈现褐色点状凹斑；2龄幼虫能穿孔或自叶缘咬食，形成缺刻；3龄后幼虫则能全叶取食。幼虫3龄前食量较低，3龄后食量猛增，以末龄食量最大。成虫具有趋光性，初孵幼虫常聚集在树冠面上，形成"发虫中心"。

③防控措施：尽量减少用药次数，保护天然的寄生性和捕食性天敌。结合秋冬施肥，将根际附近落叶和表土中的虫蛹深埋入土。在茶树根颈四周培土约10厘米，并加以镇压，可防止越冬蛹羽化的成虫出土。采用灯光诱杀。

用农药防治时应严格按照防治指标，成龄投产茶园的防治指标为幼虫量每平方米7头以上或每亩4 500头。喷施茶尺蠖病毒制剂应掌握在1~2龄幼虫期，喷施化学农药或植物源农药掌握在3龄前幼虫期。全面施药的重点代是第4代，其次是第3代和第5代，第1代和第2代提倡挑治。施药方式以低容量篷面扫喷为宜。药剂选用甘蓝夜蛾核型多角体病毒每亩50～60毫升，或100亿孢子/毫升短稳杆菌悬浮剂500～700倍液，或0.6%苦参碱水剂每亩60～75毫升，或2.5%溴氰菊酯可湿性粉剂3 000倍液，或4.5%高效氯氰菊酯乳油2 000～3 000倍液。

（2）茶细蛾。又称幕孔蛾、三角卷叶蛾。除为害茶树外，还能为害山茶等植物。

①形态特征：成虫体长4～6毫米，翅展10～13毫米。头、胸部呈暗褐色，颜面披黄色毛。幼虫共5龄，各龄体长分别为1.0毫米左右、1.5～2.0毫米、2.5～4.0毫米、5.0～6.0毫米、8.0～10.0毫米。

②为害特征：幼虫为害芽梢嫩叶，从潜叶、卷边至整叶成三角苞，居中食叶并积留虫粪，严重污染鲜叶。茶细蛾不仅影响茶叶产量，而且对茶叶品质也有严重影响。在卷边期前对茶叶产量影响不显著，混入3%以下的虫苞时，对茶叶品质的影响亦不显著。结苞期不仅影响茶叶产量，而且当混入3%以上的虫苞后，对茶叶品质的影响十分明显。

③防控措施：茶细蛾卵、幼虫均在茶叶的收获部分，实行分批勤采，可有效减轻为害。修剪时期最好是在越冬代幼虫化蛹前，这时茶细蛾幼虫大多在茶树篷面上，防治效果较佳。

根据茶细蛾对茶叶品质的影响，若百芽梢有虫7头以上，则应列为施药对象园。防治适期应掌握在潜叶、卷边期。施药方式以低容量篷面扫喷为宜。农药可选用80%敌敌畏乳油每亩用药50毫升，或40%辛硫磷乳油每亩用药25～45毫升，或2.5%溴氰菊酯乳油每亩用药15～20克。

（3）斜纹夜蛾。斜纹夜蛾是近年浙南茶区茶园7—9月发生最严重的虫害之一，除为害茶树外，还为害白菜、甘蓝、芥菜、马铃薯、茄子、番茄、辣椒、南瓜、丝瓜等多种作物。

①形态特征：成虫体长14～20毫米，翅展35～46毫米。幼虫体长33～50毫米，头部呈黑褐色。

②为害特征：是一种暴食性害虫，主要以幼虫为害，低龄幼虫取食叶肉，剩下表皮和叶脉；高龄幼虫则吃光叶成缺刻，严重时除叶脉外全部被吃光。

③防控措施：灯光诱杀成虫。3龄前为点片发生阶段，可结合田间管理，进行挑治，不必全田喷药；4龄后夜出活动。因此施药应在傍晚前后进行，药剂可选用2.5%联苯菊酯水乳剂每亩用药25毫升，或5.3%联苯·甲维盐微乳剂每亩用药15～20毫升。

（4）黑刺粉虱。又称橘刺粉虱，是浙南茶区的主要害虫之一，发生范围较广。除为害茶树外，还是柑橘的主要害虫，并能为害油茶、山茶、梨、柿、白杨、樟、榆、柞等多种林木。

①形态特征：雄成虫平均体长1.01毫米，翅展2.23毫米，雌成虫平均体长1.18毫米，翅展3.11毫米。若虫扁平，椭圆形，共3龄。初孵幼虫体长约0.25毫米，淡黄色，后变黑色；2龄幼虫体呈黑色，平均体长约0.50毫米；3龄幼虫体呈黑色，平均体长约0.70毫米。

②为害特征：黑刺粉虱以幼虫吸取茶树汁液，并排泄蜜露，招致煤菌寄生，诱发煤污病，严重时茶树一片漆黑。受害茶树光合效率降低，发芽密度下降，育芽能力差，发芽迟，芽叶瘦弱，茶树落叶严重，不仅影响茶叶产量和品质，而且严重影响茶树树势。在茶树郁闭、阴湿的茶园中发生严重，窝风向阳洼地茶园中的虫口密度往往较大。

③防控措施：加强种苗检查，严防黑刺粉虱和煤污病随种苗传入新区；加强茶园管理，结合修剪、松土、中耕除草，改善茶园通风透光条件。色板诱杀。减少茶园施药次数和用量，保护和促进天敌的繁殖。韦伯虫座孢菌对黑刺粉虱幼虫有很强的致病性，防治适期掌握在1、2龄幼虫期。

防治适期中小叶种原则上应掌握在每叶2~3头卵孵化盛末期，对于虫口密度过大，也可考虑在成虫盛期作为辅助施药时期。防治成虫以低容量、篷面扫喷为宜。幼虫期提倡侧位喷洒，药液重点喷至茶树中、下部叶背。防治幼虫时，药剂可选用2.5%联苯菊酯乳油每亩80~100毫升，或2.5%溴氰菊酯乳油每亩10~20毫升。成虫期防治可选用80%敌敌畏乳油，每亩用药50~60毫升。

（5）假眼小绿叶蝉。假眼小绿叶蝉是浙南茶园普遍发生的主要害虫之一，除为害茶树外，还为害豆类、蔬菜等植物，是茶叶生产，特别是夏、秋茶生产的一个重大威胁。

①形态特征：成虫体呈淡绿色至黄绿色，从头顶至翅端长3.1~3.8毫米，头前缘有1对绿色圈（假单眼）。1龄若虫体长0.8~0.9毫米，体呈乳白色；2龄若虫体长0.9~1.1毫米，体呈淡黄色；3龄若虫体长1.2~1.8毫米，体呈淡绿色；4龄若虫体长1.9~2.0毫米，体呈淡绿色；5龄若虫体长2.0~2.2毫米，体呈草绿色。

②为害特征：假眼小绿叶蝉为害新梢，以成虫和若虫吸取茶树汁液，影响茶树营养物质的正常输送，导致茶树芽叶失水、生长迟缓、焦边、焦

叶，严重影响茶叶产量和品质。茶树受害后，其发展过程分为失水期、红脉期、焦边期、枯焦期。一般受害茶园，夏秋茶减产10%以上，重则损失30%~50%。此外，受假眼小绿叶蝉为害后的芽叶，在加工过程中碎、末茶增加，成品率降低，易产生烟焦味，对茶叶品质亦有严重的影响。

失水期：指茶树芽叶在雨天或有晨露时，看起来生长正常，但在阳光照射下随茶树的蒸腾作用，芽叶呈凋萎状。

红脉期：茶树受到较重为害，输导组织受到破坏，养分和水分输送受阻，嫩叶背的叶脉表现明显的红变，叶片失去光泽。

焦边期：在红脉期的基础上，继续遭受为害，芽叶严重失水，嫩叶即从叶尖或叶边缘开始焦枯，叶片基本停止生长、变形。

枯焦期：在焦边期的基础上继续发展而成，叶片完全得不到维持基本生命所必需的营养物质和水分，芽叶完全停止生长，芽及已展叶呈红褐色至褐色焦枯，茶树丧失了生产能力，严重时成片茶园似火烧状。

假眼小绿叶蝉一般年份可使夏、秋茶损失10%~15%，重害年份损失可高达50%以上。此外，受假眼小绿叶蝉为害后的芽叶，在加工过程中碎、末茶增加，成品率降低，易断碎，易产生烟焦味，对茶叶品质亦有严重的影响。

③防控措施：尽量减少茶园施农药次数和用量，避免对假眼小绿叶蝉天敌杀伤。实行分批、多次采摘，可随芽叶带走大量的假眼小绿叶蝉的卵和低龄若虫。色板诱杀。

第一峰百叶虫量超过6头，第二峰百叶虫量超过12头的茶园均应全面施药防治。防治适期掌握入峰后（高峰前期），且若虫占总量的80%以上，施药方式以低容量蓬面扫喷为宜。农药可选用10%联苯菊酯水乳剂3 000倍液，或15%茚虫威悬浮剂3 000倍液，或40%丁醚·噻虫啉悬浮剂1 000~1 500倍液。

（6）茶蚜。又称茶二叉蚜、可可蚜，俗称蜜虫、腻虫、油虫。茶蚜是浙南茶区常年发生的害虫之一，除为害茶树外，还为害油茶、咖啡、可可、无花果等植物。

①形态特征：有翅成蚜体长约2.0毫米，黑褐色，有光泽。无翅成蚜体呈近卵圆形，稍肥大，棕褐色。

②为害特征。茶蚜聚集在新梢嫩叶背及嫩茎上刺吸汁液，受害芽叶萎缩，伸展停滞，甚至枯竭，其排泄的蜜露，可招致霉菌寄生，被害芽叶制成干茶色暗汤混浊，带腥味，对茶叶产量和品质均有严重的影响。

③防控措施：色板诱杀。茶蚜集中分布在一芽二叶和一芽三叶上，及时分批采摘是防治此虫十分有效的农艺措施。

防治指标为有蚜芽梢率4%~5%，芽下二叶有蚜叶上平均虫口20头。防治适期5月上中旬和9月中下旬至10月上旬。施药方式以低容量篷面扫喷为宜。药剂可选用10%氯菊酯微乳剂每亩10~20毫升，或2.5%溴氰菊酯乳油每亩10~20毫升。

（7）茶橙瘿螨。又称茶刺叶瘿螨，属蜱螨目瘿螨科。除为害茶树外，还为害油茶、檀树、漆树等林木，也为害春蓼、一年蓬、苦菜、宿星菜、亚竹草等杂草。

①形态特征：成螨体呈长圆锥形，体长0.14~0.19毫米，宽约0.06毫米，呈黄色至橙红色。幼螨体呈无色至淡黄色，体长约0.08毫米，宽约0.03毫米，体形似成螨，但后体环纹不明显。若螨体呈淡橘黄色，体长约0.10毫米，宽约0.04毫米，但后体段环纹仍然不明显。

②为害特征：茶橙瘿螨主要为害成叶和幼嫩芽叶，亦为害老叶。以成螨和幼、若螨刺吸茶树汁液，螨量少时，被害叶表现不明显；螨量较多时，被害叶呈现黄绿色，无光泽，叶正面主脉红褐色，叶背形成锈斑，叶片变厚，嫩芽叶萎缩；严重被害时叶背出现褐色锈斑，芽叶萎缩、干枯，一片铜红色，状似火烧，造成大量落叶，对茶叶产量、品质和树势均有严重影响。连续降雨和高温干旱则不利于发生。

③防控措施：茶橙瘿螨绝大部分分布在一芽二叶或一芽三叶上，分批及时采摘可带走大量的成螨、卵、幼螨和若螨。

中小叶种茶树平均每平方厘米叶面积有虫3~4头，或平均每叶有20头的茶园，5月中旬至6月上旬，8—9月发生高峰期前均应全面喷药防治。施药方式以低容量篷面扫喷为宜。在茶树生长期，药剂可选用99%矿物油150~200倍液。在茶季结束后的秋末，可喷洒波美0.5°的石硫合剂或者用45%晶体石硫合剂，每亩用药200克。

（8）角蜡蚧。

①形态特征：雌成虫体短呈椭圆形，体长6~7.5毫米，长者可达9.5毫米，宽约8.7毫米，高约5.5毫米。触角6节，第三节最长。若虫初龄体呈扁椭圆形，长约0.5毫米，红褐色。2龄出现蜡壳，雌蜡壳体呈长椭圆形，乳白微红，前端具蜡突，两侧每边4块，后端2块，背面呈圆锥形稍向前弯曲；雄蜡壳体呈椭圆形，长2~2.5毫米，背面隆起较低，周围有13个蜡突。

雄蛹体长约1.3毫米，呈红褐色。

②为害特征：若虫和雌成虫常年附着在茶树枝叶上，用针状口器吸取茶树汁液，为害后叶片变黄，树干表面凸凹不平，树皮纵裂，致使树势逐渐衰弱，排泄的蜜露常诱致煤污病发生，严重者枝干枯死。

③防控措施：加强茶园管理，及时剪除虫枝，发生严重的茶园可进行台刈，留下的茶树应在第一代和第二代若虫发生期喷药，以减少虫源。应尽量减少茶园施药次数，尤其是在天敌高峰期应尽力避免施药，以保护天敌繁殖。掌握在幼龄若虫期进行药剂防治，即孵化率70%~80%时（5月下旬和7月下旬）进行防治。可用25%亚胺硫磷800~1 000倍液，或10%蚍虫啉2 000~3 000倍液，或45%马拉硫磷800倍液，或48%毒死蜱1 000~1 500倍液喷施。施药方式以低容量喷雾为宜，但应喷至角蜡蚧栖息部位。利用农药防治角蜡蚧应重点抓第一代，第二代和第三代只能作补救防治。

（9）茶毛虫。茶毛虫又称茶黄毒蛾、毒毛虫、痒辣子、摆头虫，分布在各产茶省，是茶树的重要害虫之一。除为害茶树外，还能为害山茶、油茶、柑橘、梨、乌桕、油桐等植物。

①形态特征：成虫雌蛾体长8~13毫米，翅展26~35毫米。雄蛾体长6~10毫米，翅展20~28毫米。1龄幼虫体长1.3~1.8毫米，淡黄色；2龄幼虫体长2.2~3.9毫米，淡黄色；3龄幼虫体长3.6~6.2毫米，淡黄色；4龄幼虫体长5.1~8.4毫米，黄褐色；5龄幼虫体长7.4~11.5毫米，黄褐色；6龄幼虫体长11.0~15.5毫米，土黄色；7龄幼虫体长12.0~22.0毫米。

②为害特征：幼虫取食茶树成、老叶及部分嫩叶。1、2龄幼虫一般群集在成叶叶背，取食下表皮及叶肉，被害叶呈现半透明网膜斑；3龄幼虫常从叶缘开始取食，造成缺刻；4龄幼虫取食后仅留主脉及叶柄；4龄后则蚕食全叶。4龄起进入暴食期，可将茶丛叶片食尽，严重影响茶叶产量和品质，严重时茶丛被食光秃。

此外，幼虫虫体上的毒毛及蜕皮壳，人体皮肤触及后会引起皮肤红肿、奇痒，影响正常的采茶及田间管理工作。

③防控措施：摘除卵块和虫群。灯光诱杀，可减轻田间为害。减少田间用药次数，促进田间天敌繁殖。在卵期可以人工释放赤眼蜂或黑卵蜂。在幼虫3龄前喷洒菌剂或茶毛虫核型多角体病毒液。

防治适期掌握在3龄前幼虫期（5月至6月中旬，8—9月），防治指标为百丛卵块5个以上，喷雾方式以侧位低容量喷洒为佳。农药可选用茶毛虫核型多角体病毒制剂1 000倍液，或0.5%苦参碱水剂1 000~1 500倍液，或2.5%联苯菊酯乳油每亩20~40毫升。

（10）茶刺蛾。茶刺蛾又称茶奕刺蛾、茶角刺蛾，是茶树刺蛾类的一种重要害虫。除为害茶树外，还能为害油茶、咖啡、柑橘、桂花、玉兰等植物。

①形态特征：成虫体长12~16毫米，翅展24~30毫米。幼虫共6龄。

②为害特征：卵孵化后，初孵幼虫活动性弱，一般停留在卵壳附近取食。1、2龄幼虫大多在茶丛中下部老叶背面取食；3龄后逐渐向茶丛中、上部转移，夜间及清晨常爬至叶面活动。幼虫喜食成叶、老叶，但当成叶、老叶被食尽后，则爬至篷面取食嫩叶，当一丛茶树被蚕食尽后，逐渐向四周茶丛扩散。1、2龄幼虫只取食下表皮及叶肉，残留上表皮，被害叶呈现半透明的枯斑；3龄幼虫会食成不规则的孔洞；4龄起可食全叶，但一般食去叶片的2/3后，即转另叶取食，大面积发生时则仅留叶柄，导致茶树一片光秃，影响茶树的安全过冬及翌年的产量和品质。

此外，茶刺蛾幼虫体上有毒刺，人体皮肤触及后引起红肿、疼痛，妨碍正常的采茶及田间管理工作。

③防控措施：在茶树越冬期，结合施肥和翻耕，将枯枝落叶及表土清至行间，深埋入土。平时应注意合理使用农药，保护天敌。收集由病毒引起的虫尸，研碎后加水喷洒，可起到良好的防治效果。

防治适期应掌握在2、3龄幼虫期。施药方式以低容量侧位喷雾为佳，药液应主要喷在茶树中下部叶背。农药可选用10%氯氰菊酯，每亩用药20~25毫升；2.5%溴氰菊酯（敌杀死），每亩用药15~20毫升；2.5%联苯菊酯（天王星），每亩用药20毫升。

（11）茶黑毒蛾。茶黑毒蛾又称茶茸毒蛾，除为害茶树外，还能为害油茶等植物。

①形态特征：成虫雌蛾体长16~18毫米，翅展36~38毫米；雄蛾体长13~15毫米，翅展28~30毫米。1龄幼虫体长2.5~3.5毫米，虫体呈淡黄色至暗褐色；2龄幼虫体长6.0~8.0毫米，虫体呈暗褐色；3龄幼虫体长10.0~13.0毫米；4龄幼虫体长14.0~23.0毫米；5、6龄幼虫体长24.0~32.0毫米，虫体呈黑褐色。

②为害特征：幼虫取食茶树成叶和嫩叶，1、2龄幼虫大多在茶丛中下部的老叶和成叶背面，取食下表皮和叶肉，被害叶呈黄褐色网膜枯斑；3龄幼

虫取食叶片后留下叶脉；3龄后则食尽全叶。

③防控措施：结合茶园培育管理，清除杂草，制作堆肥或深埋入土。特别是冬季，清除茶树根际的枯枝落叶及杂草，深埋入土，可消灭大量的越冬卵。同时，结合重修剪或台刈，控制树高在80厘米以下，减少产卵场所。

茶黑毒蛾的防治指标为第1代每亩虫量超过2 900头，第2代每亩虫量超过4 500头的茶园均应全面喷药防治。防治适期掌握在3龄前幼虫期。农药可选用2.5%联苯菊酯乳油每亩用药20~25毫升，或25%灭幼脲悬浮剂每亩用药50~60毫升，或5.3%联苯·甲维盐微乳剂每亩用药15~20毫升，或22%噻虫·高氯氟微囊悬浮剂每亩用药15~20毫升。若用天皇星，其防治适期可提前到卵孵化高峰期施药。喷雾方式以低容量侧位喷雾为佳。

（12）茶小卷叶蛾。又称小黄卷叶蛾、棉褐带卷叶蛾。除为害茶树外，还为害油茶、柑橘、梨、苹果、棉花等。

①形态特征：成虫体长6~8毫米，翅展15~22毫米，淡黄褐色。雄蛾翅基褐带宽而明显。后翅灰黄色，外缘稍褐。1龄幼虫体长1.4~2.8毫米，虫体呈淡黄色；2龄幼虫体长2.5~4.8毫米，虫体呈淡黄绿色；3龄幼虫体长4.3~7.0毫米，虫体呈黄绿色；4龄幼虫体长5.0~13.0毫米，虫体呈绿色；5龄幼虫体长9.0~19.0毫米，虫体呈鲜绿色或浓绿色。

②为害特征：幼虫孵出后向上爬至芽梢或吐丝随风飘至附近枝梢上，潜入芽尖缝隙内或初展嫩叶端部、边缘吐丝卷结匿居，嚼食叶肉，被害叶呈不规则枯斑。虫口以芽下第一叶居多。3龄后将邻近二叶至数叶结成虫苞，在苞内嚼食，被害叶出现明显的透明枯斑。幼虫在茶园中有明显的发虫为害中心。一年发生4~5代，除第一代发生较整齐外，其余各代重叠发生。

③防控措施：茶小卷叶蛾幼虫多栖息在篷面嫩芽叶上，及时分批采摘有良好的防治效果。结合采茶摘除有卵的虫苞。早春结合轻修剪剪去虫苞，将剪下来的枝叶集中烧毁，以减少虫源。发蛾期田间点灯诱杀，也可以用性引诱剂诱杀雄蛾。减少喷药次数和降低农药用量。用白僵菌、颗粒体病毒、赤眼蜂可有效地防治茶小卷叶蛾。

防治指标为每亩幼虫量10 000~15 000头。防治适期掌握在1、2龄幼虫期。可采用低容量篷面扫喷，为害不严重、虫口密度较低的提倡挑治，即只喷发虫中心。农药可选用2.5%溴氰菊酯乳油，每亩用药20~25毫升。

（13）茶卷叶蛾。又称褐带长卷叶蛾、后黄卷叶蛾、茶淡黄卷叶蛾。除为害茶树外，还能为害油茶、柑橘、咖啡等植物。

①形态特征：成虫体长8~12毫米，翅展23~30毫米，体翅呈淡黄褐色，色斑多变。雄蛾前翅色斑较深，前缘中部有一个半椭圆形黑斑，肩角前缘有一明显向上翻折的半椭圆形、深褐色加厚部分。1~6龄幼虫的平均体长分别为3毫米、5毫米、7毫米、11毫米、16毫米、28毫米。6龄幼虫头褐色，虫体呈黄绿色至淡灰绿色。

②为害特征：幼虫低龄时趋嫩性强，以吐丝卷叶为害茶叶，在芽梢上卷缀嫩叶藏身，取食叶肉，留下一层表皮，被害叶呈现透明枯斑。虫龄长大后，食量增加，卷叶苞多时达10叶。此时成老叶同样蚕食。严重时状如火烧。

③防控措施：茶卷叶蛾幼虫多栖息在篷面嫩芽叶上，及时分批采摘有良好的防治效果。结合采茶摘除有卵的虫苞。早春结合轻修剪剪去虫苞，将剪下来的枝叶集中烧毁，以减少虫源。发蛾期田间点灯诱杀，也可以用性引诱剂诱杀雄蛾。减少喷药次数和降低农药用量。用白僵菌、颗粒体病毒、赤眼蜂可有效地防治茶小卷叶蛾。

防治指标为每亩幼虫量10 000~15 000头。防治适期掌握在1、2龄幼虫期。可采用低容量篷面扫喷，为害不严重、虫口密度较低的提倡挑治，即只喷发虫中心。农药可选用2.5%溴氰菊酯乳油，每亩用药20~25毫升。

（14）扁刺蛾。扁刺蛾又称痒辣子，是茶树上的一种重要刺蛾类害虫。除为害茶树外，还能为害油茶、梨、柑橘、枇杷、桃、李、核桃、苹果、枫杨、乌桕等植物。

①形态特征：成虫体长10~18毫米，翅展26~35毫米。1龄幼虫体呈淡红色，扁平；2龄幼虫体呈绿色，较细；3龄幼虫体有较明显的灰白色背线；4龄幼虫体背线白色，较宽；5龄幼虫体在背线中部两侧出现1对红点；6龄幼虫体两侧出现1列细小红点。

②为害特征：幼虫移动性差，初孵幼虫一般在着卵叶叶背取食，取食下表皮及叶肉，被害叶呈现不规则形半透明的枯斑；3龄后常在夜晚和清晨爬至叶面活动，一般自叶尖蚕食，形成较平直的吃口，常食至2/3叶后便转叶为害，同一枝条或同一茶丛则自下向上取食为害，待茶树叶片食尽后再向邻近茶枝或茶丛缓慢转移。

此外，幼虫虫体上长有毒刺，人体皮肤触及后引起红肿、疼痛，妨碍正常的采茶及田间管理工作。

③防控措施：结合冬耕施肥，将枯枝落叶及表土清至行间，深埋入土，使蛹羽化时成虫不能出土而死亡。收集由病毒致死的虫尸，研碎后加水喷洒，

可获得理想的防治效果。

防治适期应掌握在2、3龄幼虫期。施药方式以低容量侧位喷雾为佳，药液应主要喷在茶树中下部叶背。农药可选用10%氯氰菊酯悬浮剂每亩用药20~25毫升，或2.5%溴氰菊酯乳油每亩用药15~20毫升，或2.5%联苯菊酯微乳剂每亩用药20毫升。

（15）茶叶夜蛾。又称灰夜蛾、灰地老虎，是20世纪80年代以来为害较为严重的一种茶树害虫。

①形态特征：成虫体长20~22毫米，翅展45~47毫米。幼虫共6~7龄，4龄前虫体呈绿色，4龄后虫体逐渐粗壮，体色由绿色渐变为灰绿色、紫黑色。老熟时体长25~31毫米。

②为害特征：幼虫嚼食茶树叶片，特别是早春幼龄时嚼食幼芽和芽梢，致幼芽萌发停止、枯竭，新梢切断坠地，直接威胁头茶优质茶产量。

③防控措施。点灯诱杀。在11月下旬至12月间，清理茶丛下的落叶，深埋入土或清出园外处理，消灭产在落叶上的卵。

由于茶叶夜蛾为害的是春茶品质最佳的茶叶，对每亩幼虫量在1 000头以上的茶园均应喷药防治。防治时间应在开春后、春茶芽叶萌发前期。施药方式以低容量侧位喷洒为宜，将药液重点喷在茶树中、下部叶背。若虫龄已长至4龄以上，此时喷药时间应改为晚间，喷洒方式改为篷面扫喷。农药可选用40%辛硫磷乳油，每亩用药25~45毫升；菊酯类农药也有较好的防治效果。

（16）茶丽纹象甲。又名黑绿象虫、小绿象鼻虫、长角青象虫、花鸡娘。除为害茶树外，还能为害油茶、山茶、柑橘、苹果、梨、桃等植物。

①形态特征：幼虫头圆，淡黄色。呈乳白色至黄白色，成长时体长5.0~6.2毫米，体多横皱，无足。

②为害特征：幼虫咬食茶树及杂草根系。成虫嚼食嫩叶，被害叶呈现不规则的缺刻，为害大时严重影响茶叶产量和品质。成虫有两个为害高峰，即产卵前期和产卵高峰期。

③防控措施：在7—8月或秋末结合施基肥进行清园及行间深翻，其防效可达46%~71%，对于虫量在防治指标上下的茶园，可通过这一措施，翌年免于施药防治。利用成虫的假死性，在成虫发生高峰期用振落法捕杀成虫，以减少发生量和减轻为害程度。

投产茶园每亩虫量在1万头以上的均应施药防治。施药适期掌握在成虫出土盛末期（6月中旬），此时成虫大多仍处在产卵前期，可取得优异的效果。施药方式采用低容量篷面扫喷为宜。药剂可选用2.5%联苯菊酯水乳剂，每亩用药60毫升，98%巴丹可溶性粉剂每亩用药50～60克，240克/升虫螨腈悬浮剂每亩用40～50毫升。

（17）长白蚧。又称长白介壳虫、梨长白介壳虫、梨白片盾蚧、茶虱子等。除为害茶树外，还为害梨、苹果、杏、柿、柑橘类植物。

①形态特征：雌虫介壳呈长茄形，长1.68～1.80毫米，暗棕色。雄虫介壳略小，直而较狭，白色，壳点突出于前端。雌成虫淡黄色，体长0.60～1.40毫米。雄成虫体长0.48～0.66毫米，翅展1.28～1.60毫米，体细长，呈淡紫色。若虫共2（雄）～3（雌）龄。1龄若虫呈椭圆形，淡紫色，体长0.20～0.39毫米；2龄若虫有淡紫色、淡黄色或橙黄色，体长0.36～0.92毫米；3龄（雌）若虫呈淡黄色，梨形，介壳比2龄宽大。

②为害特征：长白蚧以若虫及雌成虫固定在茶树枝叶上，吸取茶树汁液，造成茶树发芽稀少、芽叶瘦小、叶张薄、对夹叶增加，连续为害2～3年便可使采摘枝枯死，继而可使茶树主枝枯死，是茶树的一种毁灭性害虫。

③防控措施：不从外地引入带长白蚧的苗木。加强茶园管理，及时剪除虫枝，发生严重的茶园可进行台刈，留下的茶树应在第一代和第二代若虫发生期喷药，以减少虫源。注意肥料的配合使用，尤其应注重磷肥的使用，以增强茶树抗逆力。注意茶园排水，尤其对低洼地，应修建排除渍水系统。修剪台刈。应尽量减少茶园施药次数，尤其是在天敌高峰期应尽量避免施药，以保护天敌繁殖。

在卵孵化盛末期采集田间嫩成叶，百叶若虫量在150头以上的茶园应全面喷药防治。防治适期掌握在田间卵孵化盛末期。施药方式以低容量喷雾为宜，但应喷至长白蚧栖息部位。药剂可选用45%马拉硫磷乳油，每亩用药125毫升。利用农药防治长白蚧，应重点抓第1代，第2代、第3代只能做补救防治。

（18）垫囊绿绵蜡蚧。属高山低温型害虫，在高山地区发生较多。除为害茶树外还为害多种果树、林木。

①形态特征：雌成虫前期呈椭圆形，长3.5～4.0毫米，宽2.5～3.0毫米，蜡黄色。雄成虫体长1.6～1.7毫米，翅展3.4～4.0毫米，浅棕红色。若虫初孵时呈椭圆形，肉黄色，长约0.04毫米，宽约0.03毫米。成长后长约2.0毫米，宽1.4毫米，扁平，中央略凸；淡黄色。

②为害特征：在茶树叶背吸汁，为害严重时会诱发煤污病，导致树势衰退枯竭。

③防控措施：不从外地引入带垫囊绿绵蜡蚧的苗木。注意肥料的配合使用，尤其应注重磷肥的使用，以增强茶树抗逆力。注意茶园排水，尤其对低洼地，应修建排除渍水系统。修剪台刈。保护天敌。

在卵孵化盛末期采集田间嫩成叶，百叶若虫量在150头以上的茶园应全面喷药防治。防治适期掌握在田间卵孵化盛末期。施药方式以低容量喷雾为宜，但应喷至长白蚧栖息部位。药剂可选用45%马拉硫磷乳油，每亩用药125毫升。利用农药防治长白蚧，应重点抓第1代，第2代、第3代只能做补救防治。

（19）绿盲蝽。除为害茶树外，还为害蚕豆、豌豆、苜子、棉花、蒿类等植物。

①形态特征：成虫体长5.00~5.50毫米，呈近卵圆形，扁平，绿色。复眼黑色至紫黑色。若虫共5龄。1龄若虫体长0.80~1.00毫米，呈淡黄绿色；2龄若虫体长约1.20毫米，黄绿色；3龄若虫体长约1.90毫米，绿色；4龄若虫体长约2.40毫米，绿色；5龄若虫体长约3.10毫米，绿色。1~3龄若虫腹部第三节背中有一橙红色斑点；4龄后色斑渐褪，黑色腺口明显。

②为害特征：绿盲蝽趋嫩为害。晴天白天多隐匿于茶丛内，早晨、夜晚和阴雨天爬至芽叶上活动为害，频繁刺吸芽内的汁液，1头若虫一生可刺1 000多次。被害幼芽呈现许多红点，而后变褐，成为黑褐色枯死斑点。芽叶伸展后，叶面呈现不规则的孔洞，叶缘残缺破烂。受害芽叶生长缓慢，持嫩性差，叶质粗老，芽常呈钩状弯曲，产量锐减，品质明显下降。

③防控措施：结合茶园管理，春前清除杂草。茶树轻修剪后，应清理剪下的枝梢。

防治适期应掌握在越冬卵孵化高峰期。喷药方式以低容量篷面扫喷为宜。药剂可选用50%辛硫磷乳油，每亩用药30~50毫升，2.5%溴氰菊酯乳油，每亩用药20毫升。

（20）棘皮茶蓟马。又称茶蓟马。除为害茶树外，还能为害山茶。

①形态特征：成虫雌成虫体长0.8~1.1毫米，体宽约为体长的1/4~1/3。体色呈近黑褐色。若虫共4龄。1龄若虫体呈乳白色，半透明，初期复眼鲜红色；2龄若虫体扁而肥，体色由浅黄向橙红色过渡，复眼红黑色；3龄若虫（预蛹）体形缩短，橙红色，体侧和背中央颜色较深，复眼大，暗红色；4

龄若虫体(蛹)翅芽逐渐增长,腹部节间明显。

②为害特征:成虫和1龄若虫、2龄若虫均取食嫩叶内的汁液,受害叶叶片会失去光泽、变形、质脆,严重时芽停止生长,以至萎缩枯竭,对茶叶产量和品质有严重影响。

③防控措施:及时分批采摘可带走在新梢上的卵和若虫,恶化蓟马的食料条件。

采摘茶园百梢有虫100头以上,或有虫梢率在40%以上的茶园均应全面喷药防治。施药方式以低容量篷面扫喷为宜。药剂可选用10%吡虫啉可湿性粉剂,每亩用药15~20克,20%呋虫胺可溶粒剂,每亩用药30~40克。

2.主要病害防控

茶树病害根据受害部位不同,一般分为叶部病害、茎部病害和根部病害,其中叶部病害(包括芽梢)是茶树病害的主要类群,对产量和品质影响最直接、最大。

(1)茶炭疽病。除茶树外,还为害油茶、山茶和茶梅。

①为害症状:一般多发生在成叶上,老叶和嫩叶偶尔发病。秋季发病严重的茶园,翌年春茶产量明显下降。先在叶缘或叶尖产生水渍状暗绿色病斑,后沿叶脉扩大成不规则形病斑,红褐色,后期变灰白色。病健分界明显。病斑正面密生许多黑色细小突起粒点(病菌的分生孢子盘),病斑上无轮纹。发病严重时可引起大量落叶。一般偏施氮肥或缺少钾肥的茶园、幼龄茶园及台刈茶园发生较多。

②发生规律:茶炭疽病的病原是一种真菌侵染引起。以菌丝体在病叶组织中越冬。翌年5—6月的雨天形成分生孢子,并借雨水传播,从嫩叶背面茸毛处侵入叶片,8~14天后形成小的病斑,发展成大型病斑需15~30天。此时嫩叶已变为充分展开的成叶。由于炭疽病的潜育期长,病菌在嫩叶期侵入,但在成叶期才出现病斑。在高温和有雨水条件下,形成孢子,可以不断进行重复侵染。全年以5—6月梅雨期和8—10月秋雨期发生最重,尤其以秋季发生最多。一般偏施氮肥或缺少钾肥的茶园、幼龄茶园及台刈茶园发生较多。品种间有明显的抗病性差异。一般大叶品种茶树抗病力强,而龙井43等品种易受感染。

③防控措施:加强茶园管理,及时清理枯枝落叶,减少翌年病原菌的来源;合理施肥,增强树势。做好积水茶园的开沟排水。选用抗病品种,适当

增施磷、钾肥，以增强抗病力。

药剂防治以5月下旬至6月上旬，8月下旬至9月上旬病害盛发前，成老叶发病率10%～15%为防治适期。在新梢一芽一叶期喷药防治。可选用10%苯醚甲环唑水分散粒剂1 500～2 000倍液，或25%吡唑醚菌酯乳油1 000倍液，或80%代森锌可湿性粉剂1 000～1 500倍液。非采茶期和非采摘茶园可选用0.6%～0.7%石灰半量式波尔多液液进行保护。

（2）茶轮斑病。茶轮斑病是常见的成叶、老叶病害。

①为害症状：主要为害成、老叶。病斑初为黄褐色小斑，扩展后呈圆形或不规则形，褐色。后期中央为灰白色，有明显的同心轮纹，并产生浓黑色小粒点。嫩梢发病变黑枯死，向下扩展引起枯枝。

②发生规律：病原属半知菌亚门盘多毛孢属真菌，以菌丝体或分生孢子盘在病组织内越冬。翌年春季在适温高湿条件下产生分生孢子从叶片伤口或表皮侵入，经7～14天，新病斑形成并产生分生孢子，随风雨溅滴传播，进行再侵染。高温高湿条件适于发病，浙南以夏、秋茶发生较重。排水不良，扦插苗圃或密植园湿度大时发病重。强采、机采、修剪、日灼及虫害严重的茶园，因伤口多，有利于病菌侵入，因而发病也重。

③防控措施：选用抗病或耐病品种；加强茶园管理，防止掠采或强采，千方百计减少伤口。机采、修剪、发现害虫后及时喷洒杀菌剂和杀虫剂预防病菌入侵。雨后及时排水，防止湿气滞留，可减轻发病。当发病率超过15%时，可选用50%苯菌灵可湿性粉剂1 000倍液，或10%苯醚甲环唑水分散粒剂1 500～2 000倍液，或70%甲基硫菌灵可湿性粉剂1 000～1 500倍液等杀菌剂。非采摘期用0.6%～0.7%石灰半量式波尔多液防治，秋季结束后喷雾45%石硫合剂100倍液，或99%矿物油乳油100倍液，抑制病害的蔓延和侵染。

（3）茶饼病。

①为害症状：茶饼病仅为害茶树幼嫩多汁的芽叶和嫩茎部，花蕾及幼果偶尔发生。发病最初症状是在嫩叶上出现浅绿色、浅黄色或略带红色的圆形或椭圆形透明斑，一般直径为0.6～1.2厘米。以后叶片表面的病斑逐渐凹陷，叶片的背面突出，形状像饼状，病斑正面较平滑并略有光泽，色泽较周围叶色浅，叶背突起部分处为灰色，上面覆有一层白色粉末。

由于茶饼病对幼嫩组织的偏嗜性及其潜育期短的特点，茶饼病对茶叶产量的影响远远超过其他病害，而且为害后对茶叶品质也有不良影响，即使用轻度罹病的芽梢制茶，成茶也味苦、易碎，质量明显下降。

②发生规律：茶饼病属低温高湿型病害，一般在春茶和秋茶期发病较重，夏季高温干旱季节发病较轻，丘陵、平地的郁闭茶园，多雨情况下发病较重，多雾的高山、高湿凹地及露水不干的茶园发病早且重，管理粗放、茶园通风不良、密闭高湿的发病重，大叶种比小叶种发病重。

③防控措施：从病区调运苗木必须严格检验，发现病苗，应立即处理，防止病害传入新区。加强茶园管理，改善茶园通风透光性；及时除草、及时分批采茶，适时修剪；避免偏施氮肥，合理施肥增强树势。及时选择适宜时期修剪和台刈，使新梢抽发时尽量避过发病盛期，减少侵染机会。

芽梢发病率大于35%时需进行防治，防治适期为4—6月、9—10月。药剂可选用3%多抗霉素可湿性粉剂1 000倍液。非采茶期和非采摘茶园可选用0.6%~0.7%石灰半量式波尔多液，从而达到保护茶树的目的。安全间隔期7~10天。

（4）茶煤烟病。除为害茶树外，还可为害柑橘等多种植物。

①为害症状：发病初期在叶表面发生近圆形或不规则形的黑色煤层斑，逐渐扩大，以致覆盖整片叶，后期在黑色烟煤上产生短刺毛状物，色泽深黑，煤层厚而疏松，严重时，茶园呈现一片暗黑色，影响茶树正常的光合作用，使芽叶生长受阻。

②发生规律：浙南茶区全年以秋季发生较严重，同时与蚧类（长绵蚧、角蜡蚧、红蜡蚧等）、黑刺粉虱、蚜虫的发生严重程度密切相关。其病菌以菌丝体、子囊壳或分生孢子器在病部越冬，翌年孢子随风雨飞散到上述害虫的分泌物上，并从中摄取养料进行扩展，过着腐生性生活，并通过上述害虫的活动传播。其病菌主要为害叶片表面，不深入组织内部，在低温潮湿的条件下易于发生。

③防控措施：加强茶园害虫防治，控制粉虱、蚧类和蚜虫是预防茶煤病的根本措施。加强茶园管理，适当修剪，以利通风和增强树势，减轻病虫害。

宜在早春或深秋茶园停采期喷施波美0.5°石灰硫黄合剂防止病害扩展，还可兼治蚧、螨虫；也可喷施0.7%石灰半量式波尔多液抑制病害的发展。

（5）茶赤叶斑病。茶树上最常见的病害之一。

①为害症状：发病初期主要从叶尖或叶缘开始形成淡绿小斑，逐步扩大形成不规则形的赤褐色大病斑，可蔓延至半张叶或全叶，病斑颜色较均匀一致，病斑边缘有一条褐色隆起线，病部与健部分界明显，后期病部散生稍突

起的黑色小粒点，发生严重时可引起成叶和老叶大量枯焦，甚至脱落，导致树势衰弱而影响产量。

②发生规律：此病属高温、高湿性病害，特别在高温条件下易于发生，浙南4—5月为始发期，6—7月为盛发期，幼龄茶园和台刈茶园在夏季供水不足时易受热害，叶片出现枯焦，成为此病侵染的部位。

③防控措施：提倡施用酵素菌或EM活性生物有机肥，改良土壤理化性状和保水保肥。夏季干旱要及时灌溉，合理种植遮阳树，减少阳光直射，防止日灼。夏季干旱到来之前喷洒50%苯菌灵可湿性粉剂1 500倍液，或70%多菌灵可湿性粉剂900倍液，或36%甲基硫菌灵悬浮剂600倍液。

（6）茶云纹叶枯病。茶树上最常见的病害之一。除为害茶树外，还可为害油茶、山茶、茶梅等植物。

①为害症状：主要为害成、老叶，也为害新梢、枝条和果实。成叶和老叶上出现圆形或不规则形病斑，感病初期在叶尖、叶缘产生黄褐色，水渍状，扩展后病部变褐，病斑半圆形或不规则形，病健交界部呈黑褐色线纹。中央为褐色或灰白色相间的云纹状斑，有时病部云纹不明显，为灰白色枯焦状。后期病斑正面散生黑色小粒点，病叶质脆，易落。严重时叶片呈灰枯状，极易脱落。幼苗受害全株枯死，对树势、生长影响极大。

茶树患病后，叶片常提早脱落，新梢出现枯死现象，致使树势衰弱。茶云纹叶枯病在树势衰弱和台刈后的茶园发生较重，扦插苗圃发生也较多。发生严重时，茶园呈现一片枯褐色，幼龄茶树可出现全株枯死。

②发生规律：茶云纹叶枯病由真菌引起。以菌丝体或分生孢子盘在发病组织或土表落叶中越冬。全年除严寒外，均能发病，在8月下旬至9月上旬的高湿季节为发病高发期，浙南以5—6月、9—10月发生最盛。品种间有抗病性差异，一般大叶种较感病；而小叶种则较抗病。树势衰弱，园地管理粗放，采摘过度，螨类为害重，遭冻害、日灼及台刈后茶园均易发病。

③防控措施：建茶园时选择适宜的地形、地势和土壤。选用抗病品种。秋茶结束后，结合冬耕将土表病叶埋入土中。同时摘除树上病叶，清除地面落叶并及时带出园外予以处理，以减少翌年初侵染源。加强茶园管理，做好抗旱、防冻及治虫工作。勤除杂草、增施肥料，以增强抗病力。

6月初夏期，当气温骤然上升、叶片出现枯斑时，应喷药保护；8月，当平均气温高于28℃，降水量大于40毫米，平均相对湿度大于80%时，立即喷药。

防治药剂可选用80%代森锌可湿性粉剂，每亩用药75克；10%苯醚甲环唑水分散粒剂，每亩用药22.5~30.0克；250克/升吡唑醚菌酯乳油，每亩用药22.5~30.0毫升；22.5%啶氧菌酯悬浮剂，每亩用药22.5~30.0毫升；75%百菌清可湿性粉剂，每亩用药55~75克。非采摘茶园还可喷施0.7%石灰半量式波尔多液。

（7）茶芽枯病。是茶区茶树芽叶的重要病害。

①为害症状：茶芽枯病主要为害幼芽和第一张至第三张嫩叶。病斑开始在叶尖或叶缘发生，病斑呈黄褐色，以后扩大成不规则形，无明显边缘。后期病斑上散生黑褐色细小粒点，以正面居多，病叶易破裂扭曲。幼芽、鳞片、鱼叶均可变褐，病芽萎缩不能伸展，后期呈黑褐色枯焦状，严重者整个嫩梢枯死。

主要为害春茶幼芽和嫩叶。该病发生严重的茶园，梢发病率可达70%，导致春茶减产约30%，而且茶叶品质下降，开采期推迟，茶农经济效益严重受损。

②发生规律：茶芽枯病以菌丝体和分生孢子器在老病叶或越冬芽叶中越冬。属低温高湿型病害，仅在春茶期发生。春茶萌芽期（3月底至4月初）开始发病，春茶盛采期（4月中旬至5月上旬）最高气温在20~25℃时为发病盛期。6月中旬后最高气温达29℃以上时停止发病。品种间有抗病性差异，萌芽早的品种发病较重；而萌芽迟的品种发病较轻。

③防控措施：在春茶期实行早采、勤采，尽量减少嫩芽叶留在茶树上，以减少病菌的侵染，抑制发病。利用品种间抗病性差异，在重病区改种换植时尽量选种抗病良种。

感病品种可在春茶萌芽期和发病前各喷药1次，药剂可选用10%苯醚甲环唑水分散粒剂，每亩用药22.5~30.0克；250克/升吡唑醚菌酯乳油，每亩用药22.5~30.0毫升。停采茶园可喷洒0.6%石灰半量式波尔多液进行保护。

（8）日灼病。

①为害症状：日灼病主要发生在成叶和老叶，病叶初为水渍状灰绿色，后迅速转变成黄褐色或铜褐色，严重时可导致整个叶片变褐色枯死脱落，枝干发病常在向阳面发生紫褐色条斑。

②发生规律：一般在6—8月遇强光和高温时发生较重，发病迅速，往往1~2小时即表现症状。

③防控措施：冬季封园前深耕并施足茶园专用底肥，可提高茶树的抗旱能力。及时用遮阳网覆盖茶园，或搭建简易遮阳棚，通过一些遮阳处理来减少阳光直射对茶叶造成的灼伤。当茶树在清晨茶树叶片上无露水，叶片无光泽，有触动叶片时发出沙沙作响的声音时，应及时灌溉补水。有灌溉条件的茶园，应在9:00之前或16:00之后进行灌溉。旱情缓解后，及时中耕施肥，补充养分，剪去受害干枯的枝叶，注意病虫害防治，尽量在低温来临前恢复茶树生长势。

（9）茶树根癌病。

①为害症状：茶树根癌病主要侵害茶树根部，初期产生淡褐色球形突起，以后逐渐扩大呈瘤状，小的似粟粒，大的像豌豆，多个瘤常相互愈合成不规则的大瘤。瘤状物褐色，木质化而坚硬，表面粗糙。茶苗受害后须根减少，地上部生长不良，叶片发黄，渐脱落，严重时整株枯死。

②发生规律：主要发生扦插苗圃、幼龄茶园，根癌病菌在土壤中或病组织上越冬，从扦插苗剪口或根部伤口侵入，借灌溉水或雨水传播，地势低洼、土壤湿度大、土壤黏重的苗圃易发病。

③防控措施：苗圃地应选择避风向阳、土质疏松、排水良好的无病地育苗。有病史的苗圃地育苗，一定要进行土壤处理，可用1%硫酸铜液或波尔多液灌浇土壤，也可用抗菌素液灌浇，以减少苗圃地中细菌数量。扦插前将插穗浸渍在0.1%硫酸铜液或链霉素液中5分钟，再移入2%石灰水中浸1分钟，可保护伤口免受细菌的侵染。扦插时，尽量避免伤口的出现，还要搞好地下害虫的防治，以减少病菌传播和侵染的机会。发现病株要及时连同根际土壤一并挖掉，妥善处理，并用石灰水进行土壤消毒。移栽或调运苗木时，应严格检查，发现病苗坚决淘汰，不要在病区或病苗圃中调运苗木，防止病害扩大蔓延。

（10）茶紫纹羽病。

①为害症状：此病主要发生于苗期及成株期，为害根部或根茎部，先是须根腐烂，呈褐色或黑褐色，然后蔓延到侧根，腐烂后呈紫褐色，病斑表面布满紫褐色丝状物，易剥落，根部皮层也易剥落，严重时地上部分萎蔫，新梢发芽减少，病株枯死。

②发生规律：一般在高温多雨的春夏之交或夏秋之交发病较重，凡地下水位高、排水不良、土壤过度干燥的茶园易发病。此病菌可在土壤中存活多年，随农事操作；雨水、地下害虫及根部接触而传播蔓延，调运带菌的苗木

和土壤时也可进行远距离传播，连作和前作感病的作物也易发病。

③防控措施：选用无病圃地及苗木。加强对茶园的排水、中耕、除草、施肥等工作。多施有机质基肥，以改良土壤，促使茶树生长健壮，增强抗病能力。发现病株，及早掘除，并连同周围病土一起烧毁。消毒方法：20~40倍福尔马林液灌浇，隔10天再浇1次，每次灌浇后均须用塑料薄膜覆盖24小时，以提高消毒的效果，经半月后再行补植；70%五氯硝基苯1~1.5千克加适量细土拌匀配成药土，每穴撒施0.5~1千克，然后用锄混合均匀，隔7~10天即可补植；每穴撒施石灰氮1~1.5千克，混匀后经半个月再行补植，兼有肥地之效。

（六）茶叶采摘

采收茶叶是种植茶树、建设茶园的主要目的，由于茶树是多年连续采收的农作物，采摘是否合理，既影响当年的产量、质量，又关系到今后茶叶的收成。所以，采茶不但是一个收获过程，而且是茶树栽培的重要技术内容之一。实践证明，茶叶采摘不仅关系到制茶原料的质量，而且影响茶树的生长发育。因此，在生产上，合理采茶十分重要。

1. 采摘与留养

茶树采收的对象是新梢，采下的新梢多，产量就高。但同时茶树制造养分的能力就削弱了，要解决好这一矛盾，关键是要做到采留相结合。

采留相结合在不同的茶树发育阶段应当采用不同的处理方法。幼龄茶园主要是培养树冠，应以养为主，同时根据情况适当采收一些茶叶，采摘应当服从以培养树冠为目的的留养需要。生产茶园则以采为主，适当留养。在春、夏、秋3个茶季中，春茶叶片质量好，留养春叶有利于树势，但对经济效益影响较大；秋茶留叶，因叶片生长期短，越冬期易遭冻害；因此，在生产上，在春茶后期或夏茶季节安排留叶较为合理。留叶以树冠面上的叶片相互密接、看不到枝干为适宜。

2. 手工采摘

手工采摘是目前大部分茶区采用的茶叶采收方法，虽然效率较低，但能将各类茶叶的采摘标准与茶叶的采留相结合，是目前采摘名优绿茶普遍采用的方式，特别是名优茶产区全部采用手工采摘。正确的手工采茶方法有掐采、提手采、双手采等。不同的名优绿茶对鲜叶原料又各有特定的要求，因此在采摘嫩度和时间上相差悬殊。

（1）采摘标准。当茶树篷面每平方米达到10~15个可采标准芽时就要开采。优质茶叶原料一般宜采至清明前后。鲜叶采摘要保证有一定的细嫩度，同时要求鲜叶的匀度、净度和鲜度。实行"采强留弱，采高留低，采中留侧"原则。

茶叶的采摘标准是：前期高档茶为一芽一叶初展为主，中期为一芽一叶、一芽二叶初展为主，后期为一芽二叶、一芽三叶初展叶为主。采摘时一要掌握好嫩度，实行分批多次采，大一批采一批；二要净度好，不要带茶蒂、茶果、老叶及其他杂物；三要用正确的采摘手法，要用提手采，严禁掐、捋、抓等不正确手法。生产上大致可分为3种，而目前根据加工的茶类，一般有2种采摘标准，即细嫩采与适中采。

细嫩采是指茶芽初萌发至第1叶或第2叶初展时进行采摘，一般名优绿茶采摘均属此类标准。采摘时，提手将芽头折断，断面要整齐，忌用掐采。采摘上力求做到雨天不采、细瘦芽不采、风伤芽不采、虫伤芽不采、开口芽不采、空心芽不采、有病弯曲芽不采和过长过短芽不采。采摘后还需对不合规格的茶芽进行一次拣选。

适中采的标准是1芽2~3叶及相同嫩度的对夹叶，是目前各种大宗茶的采摘标准。要求芽叶细嫩、匀整度高。龙井茶、径山茶、安吉白茶等均以细嫩芽叶为采摘对象。采茶工要以竹篓装茶，不用塑料袋装茶。不紧压、不损伤，保持鲜叶新鲜度

（2）手工采摘的技术要求。手工采摘的技术要求主要包括按标准及时采与分批多次采两个方面。

①按标准及时采：茶树具有不断萌发新芽的能力，其采期长，可以多年、多季和多批次采摘。在生产上，及时采下符合标准的新梢，能加速腋芽与潜伏芽的萌发，缩短采摘间隔期，有效地提高茶叶产量。另外，茶叶采收具有很强的季节性，从春茶中后期开始至秋茶期间，气温较高，芽叶生长快，若不及时采下符合要求的新梢，芽叶就会很快老化，自然品质变差。因此，实行按标准及时采茶，是取得优质高产的重要保证。

按标准及时采茶不能一概而论，应根据情况的变化适时进行调整。具体地说，一要看气温变化，尤其是春茶期间更要注意。二看降雨情况，夏、秋

两季气温高，若降雨多，则茶芽萌发多。三看新梢生长状况，一般在每亩茶园能有2~3千克鲜叶可采时就进行撩头采，当新梢中有10%~15%符合采摘标准为开采适期。

②分批多次采：由于茶树发芽的不一致性，为了使加工的鲜叶原料整齐均匀，就应当进行分批采茶。分批采茶还有利于采摘、加工的劳动力安排与茶厂的合理利用。

1个茶季或1年的采摘批次受品种、气候、土壤、肥培水平、所加工的茶类等因素的综合影响而有差异。如条件相同的茶园，采摘名优绿茶的批次就比采摘大宗绿茶要多；春季气温相对较高时的采摘批次就比气温平常的年份要少。目前在专业生产龙井茶的产区，春茶采摘5~12批，夏茶4~8批，秋茶10~16批，全年19~36批。

3.机械采摘

采茶是茶叶生产中耗工最多的一项工作，在采摘大宗茶的产区，采茶所需用工量占总用工量的60%以上，而且季节性强，必须及时采摘才能保证茶叶的产量与品质。同时，随着农村产业结构的调整，造成了许多茶区采茶劳力的紧张，出现了采摘粗放与采茶成本大幅提升的现象，影响了茶业经济的稳定发展。在这种情况下，推广机械采茶是解决这一问题的根本途径。机械采摘与手工采茶相比，可提高工效约15倍，降低采茶成本50%以上，提高质量一个等级，增加产量10%以上。

（1）机采茶园条件。机采茶园宜选择平地、坡度小于15°的缓坡地或坡度小于25°的等高梯地，且为土层深厚、树势健壮、无缺株断行的条栽茶园。同一地块的茶树应品种一致，茶树品种宜选择发芽整齐、生长势强、种性较纯的品种，新种植的茶园应采用无性系良种，规模茶园应注意早、中、晚生品种合理搭配。

新垦和改植的平地、缓坡茶园，应采用"条栽方式"种植，以株距30厘米、行距150厘米、行长40米为宜。等高梯地茶园的梯面宽应不少于200厘米，距内侧100厘米处单行种植；每加植一行，梯面增宽150厘米。机采茶园的茶树采摘面高度宜维持在60~80厘米，并应在行间留有15~20厘米的操作道。茶园宜每隔40米修建一条人行道，宜在茶园四周留有200厘米通道，以便机械通行与肥料、鲜叶等运输。

（2）机采茶园树冠培养。

①树冠要求：茶树采摘面应平整，树冠面应保持规格化形状，即与所使用的采茶机械刀片形状相一致，呈水平状或略呈弧形。茶园冬季树冠宜保持在绿叶层10厘米以上、叶面积指数为3~4。

②手采茶园改机采茶园的树冠培养：手采茶园改机采茶园后，应视树势状况对树冠进行系统修剪，待树冠形成平整的采摘面后才能实行机采；没有进行良好修剪的茶园不适宜机采。使用的修剪机械要和采茶机械相配套。

对于生长健壮、未形成"鸡爪枝"、冠面比较平整、树高在80厘米以下的青壮龄手采茶园，在用与采茶机刀形状相一致的双人修剪机轻修剪后，长出的新梢即可进行机采。对于树冠高低不平，已形成"鸡爪枝"层，但中、下部各级分枝健壮、树高在90厘米以下的手采茶园，宜进行10~20厘米深修剪，适当留养后可进行机采。对于树高在90厘米以上或树势衰老但骨干枝仍健壮的手采茶园，需进行离地30~40厘米的重修剪。同时改土增肥，培养好树冠后，才能进行机采。对于树龄较大、树势衰败的茶园，则要通过台刈改造，重新培育树冠后才能实行机采。重修剪与台刈改造后的树冠要使用机器进行系统修剪和采摘。

手采茶园改机采茶园的修剪时期，以春茶前进行为好；考虑到当年茶园收益，以"春茶早结束早修剪，夏秋茶开始实行机修和机采"为好。

③幼龄茶园的树冠培养：幼龄茶园在茶苗定植后应采用常规方法进行系统的定型修剪，第三次定型修剪用修剪机械进行，高度控制在45~50厘米。成龄后按常规方法进行机修和机采，每年比上一年提高5厘米，坡地茶园宜将采摘面修剪成与山坡面平行，以利机采。

④机采茶园的年间修剪：每年在春茶萌发前进行一次轻修剪，修剪深度为3~5厘米，修剪宜在2月中旬至3月上旬进行。每次机采后的一周内要进行一次掸剪，剪去采摘面上的硬梢和突出枝叶。秋季通常要在机采茶园的行间与周边，用修边机或大剪刀及时修边，保持15~20厘米宽的行走通道。

⑤机采茶园的树冠更新：机采连续进行多年后，当树冠偏高、树势衰退、叶层变薄、"鸡爪枝"重现时，则应采取改造措施来维持良好的机采树冠。机采茶园的树冠改造周期为连续机采五年后进行一次深修剪；连续深修剪两次后进行一次重修剪；连续重修剪两次后进行一次台刈或换种改植。采取台刈、重修剪、深修剪改造措施时应与改土、改园相结合，增施有机肥和磷钾肥，尽可能将修剪枝叶还园或铺草覆盖。

⑥机采茶园的留养：叶层和叶面积指数达不到要求时应适当增加留叶量。机采茶园的留养方法是提早封园，留蓄秋梢，即在秋季留养一轮秋梢不采或留1~2张大叶不采。

（3）机采茶园肥培管理。机采茶园需要有较高的肥培管理水平，应重施有机肥，适当增施氮肥。施肥标准可用上年鲜叶产量来确定，每100千克鲜叶年施纯氮4千克以上，氮、磷、钾按4∶1∶1配施。在全年机采结束后的9月下旬至10月中旬开沟深施基肥，沟深不低于20厘米，每亩施饼肥150千克以上，或施栏肥、厩肥等土杂肥3 000~5 000千克，施后覆土；并施全年速效氮肥总量20%的复合肥、尿素等化肥。分三次施用追肥，春茶前50%，春茶后25%，夏茶后25%；开沟施，沟深5~10厘米。

（4）鲜叶采摘。

①采茶机和修剪机的选型配套：采茶机的选型要根据茶园立地条件与树冠形状来选择，平地、缓坡条栽茶园选用双人采茶机，山地茶园、零星茶园选用单人采茶机，弧形树冠选用弧形采茶机，平形树冠选用平形采茶机。修剪机的选型要与采茶机相配套，即弧形采茶机选配弧形修剪机，双人采茶机配双人修剪机。

采茶机、修剪机的配置要根据生产规模与机械作业效率来确定，一般台时工效和年承担作业面积分别为双人采茶机1.5亩和70亩，单人采茶机0.5亩和25亩，双人轻修剪机2亩和100亩，单人修剪机0.5亩和30亩，轮式重修剪机2亩和400亩，圆盘式台刈机0.4亩和200亩。

②机采前的准备：茶园在机采前要及时手工采净过大、过长的突出新梢，以利采摘面上新梢大小一致。机采时应准备好专用集叶袋。

③机采适期与采摘批次：机采适期应根据茶树品种、茶叶类别、生产季节、采摘批次等多种因子综合考虑确定，如以"一芽二叶、一芽三叶及其对夹叶"为标准新梢，即标准新梢达到60%~80%时为机采适期。机采批次应根据茶树品种、茶叶类别、产品等级、新梢生育情况灵活掌握，一般春茶采摘1~2次，夏茶采摘1次，秋茶采摘2~3次。长期机采后，会造成叶层变薄，叶形变小等现象，影响茶树的生长发育。当叶层厚度小于0.1米时，应在秋季留一轮新梢不采或留1~2张大叶采。

④机采作业要点：双人采茶机需配备3~4人，其中主机手1人、副机手1人、集叶手1~2人。采茶时，主机手与副机手分别在茶行的两侧，主机手背向机器前进方向后退作业，要目视茶树蓬面切口，并掌握采茶机剪口高度

与前进速度；副机手面向主机手，稍滞后主机手40~50厘米，采茶机与茶行横向保持15°~20°的夹角；集叶手走在主机手一侧的茶行间，扶持集叶袋，协助机手采摘或装运采摘叶。一般1台双人采茶机可管理茶园80亩左右。

单人采茶机由2人配合进行操作，一人双手持采茶机头采茶，另一人提集叶袋协助机手工作。单人采茶机采茶时，机头在茶行篷面作"Z"形运动，从茶行边部采向中间，分别在两侧各采1次。作业时，一般采用机手倒退，目视茶树篷面切口，掌握好切口高度；集叶手以前进的方式在茶行间行走。一般1台单人采茶机可管理茶园25亩左右。

每行茶树应来回各采一次，去程应使剪口超出树冠中心线5~10厘米，回程再采另一侧的剩余部分，两次采摘高度应保持一致，使左右两侧采摘面整齐，防止树冠中心重复采摘。采摘时的进刀方向应与茶芽生长方向垂直，进刀高度根据留养要求掌握，通常以留鱼叶采摘或在上次采摘面上提高1厘米采摘。机采作业中应保持机器动力中速运转，匀速前进。在采茶机动力保持中速运转的条件下，机采时的前进速度以每分钟前进30米为宜。

从集叶袋将采下的鲜叶倒入备好的容器盛装，置于阴凉处，并及时运回摊放、加工，防止鲜叶劣变。机采作业中，机手与辅助人员要密切配合，有效换袋、出叶、换行、加油，注意人机安全。

（5）机采茶园的配套修剪。

①掸剪：机采茶园在机采后，由于萌发较迟的茶芽徒长等原因，常引起采摘面上部分枝叶突出。为使采摘面平整，保证下次机采的质量，每次机采后一周左右应进行1次掸剪，剪去树冠面突出的枝条。

②轻修剪：为维持茶树生长势，调节发芽密度，机采茶园每年春季应采用机械进行轻修剪，修剪深度3~5厘米。

③深修剪：茶树连年机采后，树冠上层形成密集的细弱枝，叶层变薄，茶树的生长势明显变差，需要采用深修剪的办法来恢复树势，一般修剪深度10~20厘米。

④重修剪：经过长期的机械采摘后，茶树分枝衰退，长势减弱，产量、品质显著下降。在这种情况下，应对茶园进行重修剪，重修剪程度为离地30厘米左右。

4. 鲜叶运输

鲜叶半天收集一次，天气较热时，应防止变质。鲜叶收集后及时摊放散热，离茶厂远的基地起运时再装入箩筐内，离茶厂近的基地可直接采用单轨运输车运输，运输车辆保持清洁无污染，鲜叶在盛装、运输、储存过程中应轻放、轻翻、防压，以减少机械损伤。鲜叶到厂后及时做好摊放管理工作。

二、扁形茶生产机械

（一）耕作机械

耕作机械，指对耕作层土壤进行加工整理的农业机械。耕作机械具有打破犁底层、恢复土壤耕层结构、提高土壤蓄水保墒能力、消灭部分杂草、减少病虫害、平整地表以及提高农业机械化作业标准等作用。微型耕耘机，属于耕作机械，也称为耕耘机、管理机、微耕机等，按照《微型耕耘机技术条件》的要求，凡功率不大于7.5千瓦，采用独立的传动系统和行走系统，可以直接用驱动轮轴驱动旋转工作部件（如旋耕），一台主机可配备多种农机具。能够完成小规模的耕整地、栽植、开沟、起垄、中耕锄草、施肥培土和喷药等多项作业的机器，可称之为耕耘机。

以重庆帝勒金驰通用机械股份有限公司制造的1WG4.2-90FQ-ZC微耕机为例。

1. 主要技术参数和结构

结构型式为手持式。配套发动机型号为170F/P-2风冷汽油机；单缸、顶置气门、立式、四冲程、强制风冷；标定功率4.2千瓦；额定转速3 600转/分；启动方式为手拉启动。

外形尺寸1 560毫米×900毫米×960毫米；结构质量70千克；直联式齿轮传动。扶把调整幅度水平方向0°，垂直方向60°。刀辊转速快挡135转/分，慢挡98转/分；最大回转半径180毫米；总安装刀数24片。

旋耕刀型号为旱地刀；主离合器型式：摩擦片式；耕宽900毫米；耕深≥100毫米；作业速度0.1~0.3米/秒；作业小时生产率≥0.04公顷；单

位作业面积燃油消耗量≤35千克/公顷。

1WG4.2-90FQ-ZC微耕机主要由扶手系统、汽油发动机、动力支撑架、安全防护板、轮胎、阻力棒、换挡杆和箱体组成(图2-1)。

图2-1　微耕机结构示意

2.组装方法

(1)微耕机安装。在使用微耕机耕作之前,应对各机构进行检查、调整,以便微耕机能够得到更好的使用。微耕机组装只需按以下步骤即可:将行走轮分别装于变速箱下部六方形驱动轴的两端,用Φ8销子固定;将拖挂臂装在拖挂座上用拖挂轴连接成一体,并插入阻力棒;将扶手架与扶手支臂装配好(图2-2),并用升降锁紧手柄锁紧;将挡泥板支架固定在发动机支架和拖挂体上,装上挡泥板。

(2)拉索组装及调整。离合拉索的调整:松开螺杆上的锁紧螺母;顺时针旋动螺杆至露出扶手架的位置最短;将拉线头穿入变速箱总成后部的离合线座,并保证拉线头装入线座大孔内;将钢丝绳通过离合拨叉臂活动座的M8孔中穿入,适当压下离合拨叉臂,将拉索线头挂入离合线座中;旋出螺杆并反复紧握、松开离合把手到离合器中的弹簧力能将把手复位时,紧固锁紧螺母(图2-3)。

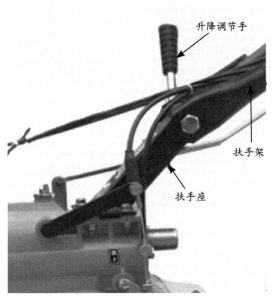

图2-2 扶手安装

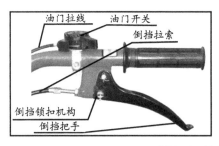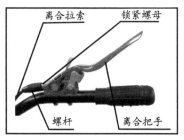

图2-3 拉索组装

①倒挡拉索的调整:松开螺杆上的锁紧螺母;顺时针旋动螺杆至露出扶手架的位置为最短;将拉绳穿入侧面的倒挡拨叉轴并保证拉线头落入拨叉轴的大孔内;适当逆时针扳动倒挡拨叉轴,将拉绳通过变速箱侧面的倒挡线座的开口穿入,并保证导管头装入线座的大孔内;旋出螺杆并反复握紧,放松倒挡把手,当弹簧力能将把手复位时,紧固锁紧螺母(图2-4)。

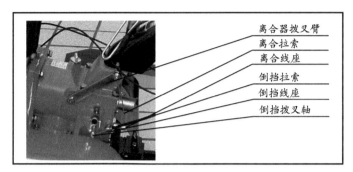

图2-4　离合拉索组装

②油门拉线的调整：将油门开关顺时针扳到最小位置；将油门拉线中的钢丝绳穿过柴油机油门调节板上方的穿线柱和固定座；拉紧钢丝绳，拧紧固定座上的紧固螺栓；反复调整油门开关，直至油门调节板上的油门手柄能到达最大、最小位置为止。

（3）检查和加油。检查各处连接螺栓是否松动，并按要求紧固。汽油机螺栓螺母拧紧力矩参见汽油机说明书。

检查操纵系统各手柄（油门、离合器、换挡杆、倒挡）的动作是否灵活和有无不到位的情况并予以排除。

将变速箱换挡杆置于空挡位置。

（4）加机油。发动机曲轴箱体内加注适量机油，使机油处于机油尺的上、下限位之间。机油的牌号和加注方法参见发动机使用说明书。SAE10W30（CC级以上）型号机油是被推荐的通用润滑油，它适合一般温度。

①变速箱内使用润滑油：夏季用L-AN46号机油，冬季用L-AN32号机油。将整机水平放置，从变速箱上方的油孔内注入。检查油位时，将油尺插入（不要旋转油尺）。油位应在油尺的上下限之间，正常加油量为1.8升（图2-5）。

②空气滤清器内加机油。拆下空气滤清器下盖加入0.1升清洁机油。根据工作环境温度选用柴油发动机润滑油（图2-6）。

（5）加注燃油。在汽油机油箱内注入92号、95号汽油（具体参见汽油机使用说明书）。注意加油不能超过加油上限。

（6）按照汽油机说明书作启动前准备。

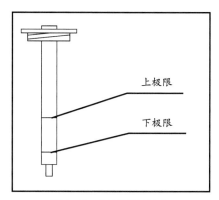

图2-5 变速箱机油油位

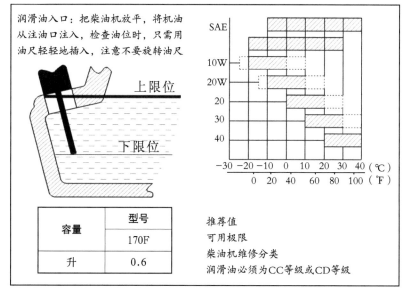

图2-6 空气滤清器油位

3.操作说明

（1）培训。仔细阅读操纵维护说明书。全面熟悉所有的操纵机构和机器正确使用的方法。掌握如何停机和快速分离操纵机构。决不允许儿童使用机器。决不允许没有阅读说明书的成人使用机器。保持工作区域无人，特别是无儿童和宠物。

（2）准备。全面检查机器将使用的区域，移走所有杂物。在启动发动机（电动机）之前，分离所有离合器，并挂空挡。没有穿适当的外套时不要操纵机器。穿防滑鞋将改善在易滑地面上立足的稳定性。

小心处理燃油，其为易燃品。使用适当的容器贮存燃油。在发动机运行时或热机时，不得往油箱中加油。应在室外特别小心地加油，不得在室内加油。启动前，拧紧油箱盖，并擦净溢出的燃油。

在发动机（电动机）运行时，不得进行任何调整。进行任何操纵时，如准备、运行和维修时，都应戴安全眼镜。

（3）启动。注意换挡杆必须处于中间空挡位置。按汽油机使用说明书规定的步骤启动汽油机。汽油机应在怠速[（1 600±150）转/分]无负载情况下运转2~3分钟。检查汽油机运转是否正常，如不正常，应停机进行检修。

（4）操作。注意微耕机操作使用前必须进行磨合。

①挂慢挡：左手松开离合器把手，使离合器分离。右手将换挡杆往后拉，处于慢挡挡位处，并注意是否到位。然后右手握住右边扶手（注意不能握倒挡把手）。慢慢握紧离合把手，离合器结合，微耕机便可在较低速度下运行。右手适当加大油门，微耕机便可在较低速度下运行。

②挂快挡：左手松开离合器把手，使离合器分离。右手将换挡杆往前推，处于快挡挡位处，并注意是否到位。然后右手握住右边扶手（注意不能握倒挡把手）。慢慢握紧离合把手，离合器结合，微耕机便可在较高速度下运行。

③挂倒挡：左手松开离合器把手，使离合器分离。右手将换挡杆推拉到中间空挡位置，并注意是否到位。然后右手食指先抠住倒挡锁扣，再慢慢抓紧倒挡把手。慢慢握紧离合把手，离合器结合，微耕机后退（注意不能松开倒挡把手）。当不需要后退时，左手慢慢松开离合器把手，右手松开倒挡把手即可。

行走过程中换挡时，应先将汽油机油门减小（以汽油机不熄火为准），然后使离合器分离，在机器停止行走时，再换挡。

转向、向左或右扳动扶手即可转向（注意转向不要抓错把手以免打坏齿轮）。

④停车：松开离合器把手，使离合器处于分离状态。把挡位置于空挡位置后，松开离合器把手，将熄火开关拨到OFF位置，汽油机动力停机熄火。当需要汽油机停机时，应按汽油机使用说明书相关内容进行（微耕机停车一般在平地上进行）。

操纵时，手和脚不得接近旋转部件或放在旋转部件下。在石子路面、人行道或公路上操纵时应特别小心，警惕潜在的危险、注意交通情况，不得载客。撞到杂物后，停下发动机（电动机），全面检查耕耘机是否损坏，如损坏应在修好后,才能重新启动和操纵耕耘机。始终注意脚下,避免滑倒或跌落。机器一旦发生异常振动,应立即停下发动机(电动机)查找原因。

离开操纵位置时、清理刀片堵塞前、进行维修、调整或检查时,都应停下发动机(电动机)。当机器处于无人操纵状态时,应采取一切可能的预防措施:分离动力输出轴,降低附加装置,挂空挡发动机熄火。在清理、修理或检查机器前,发动机应熄火,并确认所有运动部件都已处于停止状态。发动机排出的废气有害,不要在室内运转。没有适当的防护装置、防护罩或其他防护装置不在位置上时,不得操纵耕耘机。

远离儿童和宠物。不要因耕深大、速度快而致机器超载。机器不得在易滑路面上高速运行。倒退时要观察后面并小心。决不允许旁观者接近机器。只能使用微耕机制造厂允许的附加装置和设备。视野或光线不好时,不得操纵耕耘机。

在硬地上耕整作业时应小心,刀片可能钩入地面向前推动微耕机。如果发生这种情况,放开扶手,不要去控制机器。微耕机不要在陡坡上作业。微耕机上下坡时,应防止倾翻。

(5)配套机具的连接使用。需要旋耕时,拆下车轮,将旋耕装置的六方管套在行走机构驱动轴两端,用小销轴轴向固定,注意旋耕分左右刀组,安装后应保证微耕机前行时,刀刃口先工作。旋耕刀装好后,必须安装左右挡泥板,以免旋耕伤人。旋耕的深度可通过调节阻力耕刀的高低及其地面的夹角来实现(表2-5)。

表2-5 阻力耕刀的高低及其与地面的夹角调节表

行走速度	快	中	慢	干旱结硬地
旋耕深度	150毫米以下	150~250毫米	250毫米以上	
阻力棒与地面夹角	15°	45°	90°	165°
图例	15°	45°	90°	165°

(6)微耕机使用注意事项。使用过程中应注意各部分工作情况及声响,

检查各部位的连接是否正常,不允许有松动现象,如发现异常情况,应停车检查排除。不允许冷车启动后,立即进行大负荷工作,特别是新产品或大修后的产品。注意检查汽油机和变速箱的油面,不足时立即补充机油。禁止用浇水的方式冷却汽油机。耕作时应防止微耕机的倾倒。严禁装上旋耕刀的微耕机在沙滩或石子堆上行驶,以免损坏刀片。使用后,应注意清除微耕机上的泥土、杂草、油污附着物,保持整机整洁。经常清洗滤清器内海绵体或钢丝网,并更换机油。

废气吸入人体有毒,微耕机必须在通风良好环境下运行,禁止在密闭的室内或过道等通风不良的地方使用。

4. 日常保养

(1)汽油发动机的保养(表2-6)。在进行任何保养前关停发动机。为了防止发动机被意外启动,把发动机开关置于OFF(关)并拔下火花塞连线。

表2-6 保养间隔时间和保养项目说明

项目		保养周期按所示月份或实际运转小时先到者为准				
		每天使用	第一个月或20小时	每季或50小时	每6个月或100小时	每年或300小时
发动机润滑油	检查油位	●			●	
	更换		●		●	
减速齿轮润滑油	检查油位	●				
	更换		●		●	
空气滤清器	检查	●				
	清洁	●(a)				
火花塞	检查清洁				●	
火花消除器	清洁				●	
燃油箱和过滤器	清洁			●(b)		
气门	检查-调整					●(b)
燃油线路	检查	每二年(如果有必要,进行更换)●(b)				

注:a.如在多尘地方使用,应加大保养频率。
　　b.除非有适当的工具及机修能力,否则不能拆开发动机。

①更换润滑油:发动机热机后,进行放油,这样可保证放油迅速、彻

底。拧下机油标尺和放油螺栓把润滑油放掉；装回放油螺栓，并拧紧；重新加入推荐的润滑油，检查油位；装上机油标尺。

②空气滤清器保养：脏的空滤器会阻止空气进入化油器。为防止化油器出现故障，应定期保养空滤器。如果发动机在尘土较多的地方运转，则要加大保养频率。不能用汽油或低燃点的清洁剂来清洗空滤芯，这可能会导致燃烧。无空滤器的情况下不能运转发动机，因为这会导致发动机快速磨损。

卸下蝶形螺丝帽和空滤器外罩，取出滤芯；用不易燃或高燃点的溶剂清洗滤芯，并让其干透；让滤芯吸浸清洁发动机润滑油，再把油挤净；装回滤芯和空滤器外壳。

③火花塞保养：不能用不正确热值范围的火花塞。为保证发动机正常运转，火花塞的间隙必须适中，并无沉积物。火花塞专用套筒扳手拆换火花塞。检查火花塞；如果明显磨损或者绝缘体有裂缝或缺损，请更换，积碳太多，可用钢丝刷清洁；用塞尺来测量火花塞的间隙，正确间隙应是 0.70~0.80 毫米；检查火花塞垫圈是否良好；火花塞拧到底后，再用专用套筒扳手把它拧紧，压紧垫圈。安装新火花塞时在压紧垫圈后多拧 1/2 圈。

当重新安装用过的火花塞时，在压紧垫圈后多拧 1/8~1/4 圈。火花塞必须拧紧，否则火花塞可能发烫并损坏发动机。

④火花消除器保养：火花消除器必须每隔 100 小时保养一次以保持其有效。从排气导向管上拧下 2 个 4 毫米螺丝，卸下排气导向管；从消声器保护罩上拧下 4 个 5 毫米螺丝，卸下保护罩；从火花消除器上拧下 4 毫米螺丝，把它从消声器上卸下；用刷子把积碳从火花消除器网罩上除去。

⑤化油器怠速调整：启动发动机预热至正常温度。在发动机怠速运转时，调整节气门限位螺丝以获得标准怠速。

（2）微耕机的维护保养（表 2-7）。微耕机由于运转、磨损和负荷的变化，可能导致连接螺栓松动、零部件磨损，汽油机功率下降，油耗增加等故障，严重影响微耕机的正常使用。为减少上述情况的发生，就必须严格地定期做好维护保养工作，以保持微耕机良好的技术状态，延长其使用寿命。

表2-7 微耕机的技术保养表

项目	作业间隙				
	每天	半负荷下工作8小时	第一个月或20小时后	第三个月或150小时	每年或1 000小时
检查及旋紧螺母、螺栓	√				
检查及加注机油	√				
清洁及更换机油	√	（第一次）	（第二次）	（第三次及以后）	
检查是否漏油	√				
清除泥垢、杂草、油污，保持清洁	√				
排除故障	√				
调整操纵部件	√				
齿轮及轴承					√

注：√的表示应做的保养内容

①磨合：汽油机磨合请参照其使用说明书。新的或大修后的微耕机，应先在无负荷条件下工作1小时，在轻负荷条件下工作5小时后立即趁热放出和汽油机曲轴箱内的全部润滑油。

②微耕机的技术保养：每班保养（每班工作前和工作后进行），倾听和观察各部分有无异常现象（如不正常响声、过热和螺栓松动等）；检查汽油机、传动箱体有无漏油现象；检查汽油机和传动箱体油面是否在油标尺上、下线之间；及时清除整机及附件上的泥垢、杂草、油污。

③一级保养（每工作150小时）：进行每班保养的全部内容；清洗传动箱体、并更换机油；检查并调试离合器、换挡系统和倒挡系统。

④二级保养（每工作800小时）：进行每工作150小时保养的全部内容；检查所有的齿轮及轴承，如磨损严重请更换新件；微耕机其余零件如旋耕刀片或连接螺栓等，如有损坏请更换新件。

⑤技术检修（每工作1 500～2 000小时）：到当地特约维修站进行整机拆开，清洗检查，磨损严重的零件必须更换或酌情修复；请专业维修人员检查离合器。

汽油机的维护和保养，请按汽油机使用说明书进行。

微耕机需要长时间存放时，应保持机器、附加装置和设备，包括蓄电池处于安全工作状态。如果可能将蓄电池拆下储存,以防冰冻,并在必要时适当充电。每隔一段时间,检查受剪螺栓、发动机固定螺栓和其他螺栓的拧紧是否适当,以保证机器处于安全工作状态。机器应贮存在室内,并远离火源,机器贮存在室内前应将发动机冷却。补充燃油或机油时,必须先停机。微耕机运行期间周围不得进行焊接作业等。

为了防止锈蚀,应采取下列措施:按汽油机使用说明书要求封存汽油机;清洗、放出变速箱中的润滑油,并注入新油;在非铝合金表面未油漆的地方涂上防锈油;将产品存放在室内通风、干燥、安全的地方;妥善保管随机工具、产品合格证和使用说明书。

5．调整方法

(1)微耕机状态调整方法。扶手架安装及高度的调整:在调整扶手架高度之前,为了防止机器意外倾倒,请把微耕机放置在平坦的地面上(图2-7)。

松开调节手柄,选择合适高度,将扶手架横杆调至使用者齐腰处,然后旋紧调节手柄(图2-8)。

旋耕深度的调整:可以通过调速杆的高度调整,控制旋耕的深度,向下调,旋耕深度增加;向上调,旋耕深度减少(图2-9)。

图2-7　机器停放位置　　　图2-8　手柄调节　　　图2-9　旋耕深度调节

①离合器的使用与调整:注意在使用离合器之前,降低发动机转速。通过离合器的"离""合",可以控制发动机动力的输出。当放开离合器手柄时,离合器脱开,发动机停止向微耕机输入动力,旋耕刀停止转动。当握紧离合器手柄,离合器吻合,开始向微耕机输入动力,旋耕刀转动(图2-10)。

离合器拉线调整不好,会影响机器的正常使用。先确认离合拉线的张紧度,正常状态拉线应该有4~8毫米的自由度,如自由度不在此范围内则需松开锁紧螺母进行调整,调整好后锁紧(图2-11)。必要时可启动发动机,检查离合。

图2-10 离合器调整

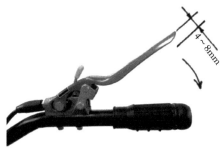
图2-11 离合器拉线调整

②油门拉线调整:正常转速范围怠速为(1 600±150)转/分;高速为3 600转/分,可利用转速表进行调整。转速确认及调整方法:不加任何负载,转动扶手架上的油门开关至最大可调位置,观察转速表显示数据是否为3 600,转动油门开关至最小可调位置,观察显示数据是否为1 600±150。

若显示数据不在上述数字范围内,则需要对汽油机进行必要的调整。具体做法如下:观察油门拉线各连接处是否有脱落,如有脱落或松动,则紧固到原位。无负载时,转动扶手架上油门开关至最大可调位置后,调整汽油机上油门操纵组合上的转速调整螺栓至合适位置。长时间工作后,可调整油门拉线上的微调螺栓进行调节(图2-12)。

图2-12 油门拉线调整

扶手架高、低调整：用手松开升降锁紧手柄，再按需要将扶手架调整到适合操作者高度的位置（图2-13）。

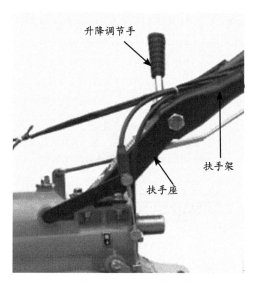

图2-13 扶手架高低调整

（2）伞齿轮副的调整方法。当确认伞齿轮副传动异常或异响过大时，即应检查调整，调整方法如下：

①变速箱内伞齿轮副间隙调整（图2-14）：当齿轮副侧隙＜0.05毫米时，即应在变速箱和行走箱之间增加钢纸垫来增大侧隙。当齿轮副侧隙＞0.30毫米时，即应将轴承和齿轮Ⅱ之间增加钢纸垫调整轴向间隙为0.05~0.10毫米。

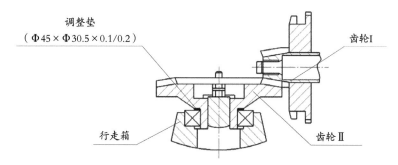

图2-14 变速箱内伞齿轮副间隙调整

②行走箱内伞齿轮副间隙调整(图2-15):当齿轮副间隙＜0.05毫米时,即应增加调整垫Ⅰ(0.20~0.30毫米)来增大侧隙,并改变钢纸垫Ⅱ和调整垫Ⅱ以保证齿轮Ⅱ轴向间隙0.05~0.15毫米。当齿轮副侧隙＞0.30毫米时,即应减少调整垫Ⅰ,同时保证齿轮Ⅱ轴向间隙0.05~0.15毫米;或者增加调整垫Ⅱ,同时保证齿轮Ⅰ轴向间隙0.05~0.15毫米。

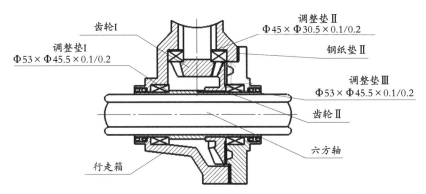

图2-15 行走箱内伞齿轮副间隙调整

6. 常见故障处理

(1)离合器故障与排除。

①不能离合:

◎离合器手把失灵。处理方法:修理或更换。

◎离合拉线损坏。处理方法:更换。

◎拨叉调整不到位。处理方法:重新调整拉线。

◎拨叉轴、臂和臂座焊接处脱落。处理方法:修理或更换。

◎拨叉销折弯或折断。处理方法:更换拨叉销。

◎摩擦片失效。处理方法:更换。

◎弹簧失效。处理方法:更换。

◎摩擦片组不能接触离合器罩壳内的轴承端面。处理方法:轴承后加适量调整垫。

◎离合器内轴承烧坏。处理方法:更换、变速箱内加油。

②打滑(松开离合把手后柴油机运转正常,而变速箱主轴慢转或不转):

◎弹簧疲劳失效。处理方法:更换。

◎拨叉轴转动不灵失效使拨叉未完全复位。处理方法:清理定位轴和推盘结合面，使其回转灵活。

◎离合拉线调整不当。处理方法：重新调整离合拉线。

（2）变速箱的故障与排除。

①快、慢、空挡不到位：

◎主轴后螺栓松动，圆螺母松动。处理方法：出主轴后部螺栓、键套、锁紧圆螺母后装回键套、螺栓并拧紧。

②挂挡不到位：

◎拨块磨损过大。处理方法：更换拨块。

◎主动伞齿轮松动。处理方法：拧紧圆螺母。

◎支臂连接块上孔磨损过大。处理方法：更换支臂组件。

◎主轴内部定位弹簧失效。处理方法：更换。

◎主轴窜动：箱体后部压盖螺栓松动。处理方法：拧紧螺栓。

◎换挡杆变形引起换挡时干涉。处理方法：校正换挡杆更换。

③倒挡不到位：

◎倒挡拨叉磨损。处理方法：重新调整倒挡拉线或更换倒挡拨叉。

◎倒挡拉线失效。处理方法：重新调整拉线或更换拉线。

◎倒挡轴松动。处理方法：拧紧倒挡轴后部螺栓。

◎倒挡拨叉卡死。处理方法：清理倒挡拨叉轴与倒挡推盘结合面，使其转动灵活。

④倒挡齿轮不回位：

◎倒挡轴松动引起齿轮发卡。处理方法：拧紧倒挡轴后部螺栓。

◎倒挡轴上弹簧失效。处理方法：更换弹簧。

◎倒挡轴弯曲变形。处理方法：更换倒挡轴。

⑤倒挡轴松动：

◎倒挡轴后螺栓松动。处理方法：拧紧倒挡轴后螺栓。

◎倒挡轴与箱体配合过松。处理方法：更换。

⑥齿轮噪声过大：

◎伞齿轮轴、倒挡轴变形、弯曲。处理方法：更换。

◎齿轮过度磨损侧隙超差。处理方法：更换齿轮。

◎伞齿轮轴、倒挡轴与箱体配合太松。处理方法：更换。

⑦主轴后盖漏油：

◎主轴上后端密封垫失效。处理方法：更换密封垫。

◎主轴上油封失效。处理方法：更换油封 B 17×30×7。

⑧倒挡轴漏油：

◎倒挡轴后部螺栓松动。处理方法：拧紧倒挡螺栓。

◎油封失效。处理方法：更换油封 B 15×30×6。

⑨倒挡拨叉轴处漏油：

◎O形圈失效。处理方法：更换O形圈 Φ9×2.65。

⑩离合器拨叉轴处漏油：

◎O形圈失效。处理方法：更换O形圈 Φ9×2.65。

⑪换挡轴处漏油：

◎O形圈失效。处理方法：更换O形圈 Φ9×2.65。

⑫法兰盘连接处漏油：

◎该处螺栓松动。处理方法：拧紧该处螺栓。

◎该处钢纸垫损坏。处理方法：更换。

⑬合箱处漏油：

◎该处螺栓松动。处理方法：拧紧该处螺栓。

⑭箱体壁上有油渗漏：

◎箱体有隐蔽的微型疏松孔。处理方法：补焊或涂底漆堵漏。

（3）行走机构故障与排除。

①齿轮噪声过大：

◎齿轮过度磨损或修配不正确。处理方法：重新装配调整或更换。

②齿轮转动发卡：

◎装配不正确。处理方法：重新装配。

③发热过度：

◎箱体内润滑油偏少。处理方法：按要求加机油。

◎齿轮侧隙太小。处理方法：重新装配。

◎轴向游隙太小。处理方法：重新调整。

④变速箱连接处漏油：

◎该处连接螺栓松动。处理方法：拧紧螺栓。

◎该处密封垫损坏。处理方法：更换。

⑤输出轴套处圆面漏油：

◎该处油封损坏。处理方法：更换油封 B 25×41×13.5；更换油封 B 25×52×13.5。

⑥输出轴套内六方孔漏油严重：

◎该轴套破裂。处理方法：更换。

⑦方油孔处漏油：

◎螺塞松动。处理方法：按要求拧紧。

（4）其他故障与排除。

①旋耕刀打断：

◎使用中碰上石块砖块等坚硬物。处理方法：更换，使用中注意避免与土中石块等硬物碰撞。

②操纵拉线断：

◎长期工作磨损。处理方法：更换。

（5）微耕机启动故障及排除。发动机开关是否置于ON（开）的位置？是否有足够的润滑油？燃油阀是否置于ON（开）的位置？油箱内是否有燃油？燃油是否到达化油器，可松开化油器放油螺栓并把燃油阀置于ON（开）来检查。

火花塞是否有火花：拔下火花塞帽，清除尘土，然后卸下火花塞。把火花塞的金属外壳接触在发动机缸盖上。轻拉启动器，观察是否有火花产生。如果有火花。重新装好火花塞，启动发动机。

7. 安全防范

使用机器前，操作者应熟读说明书，并按使用说明书的要求进行磨合、调整及保养。

使用机器前，应注意以下事项：检查发动机曲轴箱和传动箱是否漏油；检查发动机曲轴箱和传动箱中的机油量及机油品质，及时补充或更换清洁的新机油；检查各润滑部位是否润滑良好。补充燃油时注意燃油箱内应加注清洁的燃油，应在内燃机停止而且通风良好的条件下加注燃油，注意不应使燃油与高温表面、电气元器件或旋转零件相接触，燃油不应加注过多以免溢出，应检查燃油是否溢出或渗漏，若燃油溅出一定要在启动机器前将它擦干，加好燃油后应盖好油箱盖并拧紧，在加油地点、储油地点及工作场地严禁烟火，以防引起火灾。

检查机器各紧固件是否紧固；各运转部件是否有松动、碰擦、卡滞现象；旋转方向是否与标示转向一致。检查外露旋转件、运动件是否有可靠的安全防护装置，安全标志，标识是否齐全。检查离合器的离合情况，旋耕刀、离合器等工作部件有无裂纹、变形和超限磨损。如有异常现象，应排除后方可进行试运转，试运转应无碰擦、异常声音和明显的振动，转速应符合规定，不允许超速工作；更换涉及安全的部件时，应按使用说明书的要求或在专业维修人员的指导下进行。

未成年人及未经培训掌握微耕机使用规则的人不允许作业。不允许操作人员酒后、带病或过度疲劳时开机作业。操作者操作时必须扎紧衣服、袖口，长发者还应戴防护帽。

机器工作时，不应自行改装影响中耕机安全和操作的部位。不准拆卸或随意缩短各部位防护罩，操作人员应集中注意力操作。在确认安全的情况下方可启动微耕机，冷车启动后不允许立即进行大负荷作业，特别是新机器或大修后的机器。不允许装上旋耕刀的中耕机在水泥、石板地或石子堆上行驶，在进行旋耕作业时，应注意避免与石块等硬物碰撞，以免损坏旋耕刀片。操作过程中应注意各部分工作情况及声响，检查各部位的连接是否正常，不允许有松动现象，如发生异常声响等异常情况，应立即切断动力停机检查，不允许在机器运转时排除故障。

耕作时防止微耕机倾倒。操作者后背离田边≤2米时，不允许使用倒挡。使用倒挡时应先取阻力棒再挂倒挡。耕作时注意观察传动箱、内燃机等各部位有无漏油现象，若有应立即切断动力停机检查，注意不应使用明火以防火灾，及时排除故障以免污染环境，影响产品安全。

清除缠草、缠泥时应先切断动力，待机器静止后再进行清除，不允许机器运转时用手或铁棒清除旋耕刀上的阻塞物。耕作使用后，应注意清除微耕机上的泥土、杂草、油污等附着物。田间转移时应将耕刀卸下，装上行走轮。应定期检查旋耕刀片、轴承座及其他运动部件上的螺栓是否松动或损坏。

（二）除草机械

除草机械，指用于农地除草、播前整地除草与出苗前后松土除草的机械。除草机械在除草的同时还有松土作用，使土壤保墒和通气；休闲地除草后，杂草覆盖在地表上，可减少水土流失。除草机械的作业深度较浅，工作阻力较小，其工作部件型式有锄铲式、杆式和齿盘式等。割灌机属于除草机械，又称为割草机，主要用于割除灌木、杂草、修枝、伐小径木、割竹等作业，在茶园主要用于割除杂草。

以山东金奥机械有限公司制造的 CG 系列侧挂式割灌机为例。

1. 工作原理及主要结构

（1）工作原理。割灌机配套动力为汽油机，汽油机工作时产生的动力，通过离合器传到软轴，再传到硬轴，然后通过齿轮箱传到刀片而进行切割作业。通过控制汽油机的转速来控制刀片的转速。该机具有以下特点：重量轻、外形美观，使用可靠、噪声低、振动小、作业效率高，与背负式割灌机相比，具有结构紧凑、操作方便等优点，主要用于切割杂草和直径小于2厘米的灌木。当刀片超负荷工作时，离合器可以起到保护汽油机的作用。与草坪机等大型园林机械相比，侧挂式割灌机结构简单、重量轻、成本低、操作使用方便。其工作部件可以配套多种刀片，根据工作需要可有多种选择。

（2）主要结构。割灌机主要由刀片、铝管组合、手把组合、背带组合、汽油机、割刀护罩组合等零部件组成（图2-16）。

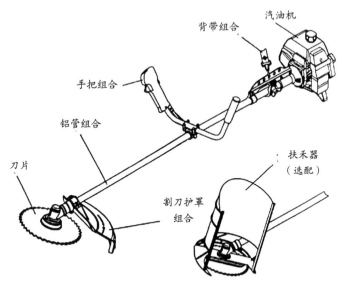

图2-16 割灌机结构示意

（3）零部件组装。

①硬轴、铝管与齿轮箱的组装：首先将硬轴花键头插入小齿轮的花键孔内，并将齿轮箱上的 M5 螺纹孔对准铝管上的定位孔，先拧紧 M6×12 螺

栓,再将M6×30螺栓组合件拧紧(图2-17)。

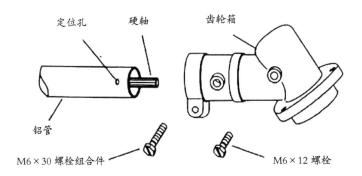

图2-17 硬轴、铝管与齿轮箱的组装

②机具与汽油机、挂把与离合器的组装:用4件螺栓组合件M6×20将离合器安装到汽油机上。用3件螺栓组合件M6×16将挂把固定到离合器和挂环上(图2-18)。

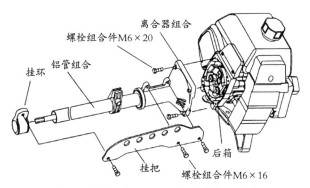

图2-18 机具与汽油机、挂把与离合器的组装

③安装刀片:首先将刀片护罩的圆孔与齿轮箱上的圆孔对正,用3个M5×12螺钉组合固定。然后将花键垫上的圆孔与齿轮箱上的圆孔对正,插入S=4的内六方扳手定位,装入刀片、割刀压板、螺栓保护罩后,用左旋螺母紧固。

④左右手把组装:用M5×25螺钉组合件(2件)将下压板和手把定位块固定到铝管的适当位置上,用M5×25螺栓组合件(4件)和上压板将左、右手把组合安装到手把定位块上。手把的安装位置可根据操作者的使用习惯前后调整(图2-19)。

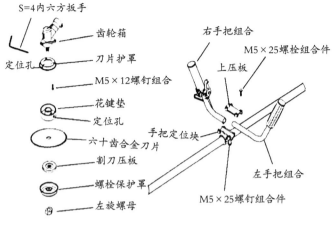

图2-19 刀片安装

⑤安装割刀护罩：用2个M6×30的螺栓组合件将压板和塑料护罩固定在铝管上。压板上的螺钉要对正铝管上的圆孔（图2-20）。

⑥揽草器的组装：将揽草器装在割灌机上。

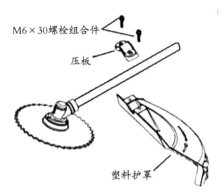

图2-20 割刀护罩安装

2. 机器使用

（1）启动前的准备。详细检查割灌机，保证割灌机处于安全状态，特别是刀片压紧螺母必须牢固可靠。必须使割灌机与加油地点保持至少3米的距离。保证周围无围观者或其他动物。特别是刀片附近决不可站人。

（2）冷机启动。按动化油器上的注油器，直到透明塑料管有油流出为止。适当关闭阻风门（阳风门手柄提起），冬天全关闭，夏天部分关闭，热机不关闭。轻拉启动器4~6次，然后用力拉动启动器拉绳启动汽油机。汽油机启动后，再慢慢地将阻风门置于全开位置（按下阻风门手柄），启动后怠速运转3~5分钟预热汽油机，然后慢加油门使发动机慢慢升速，此时察看刀片是否旋转，整机振动是否过大，各部螺钉是否松动，一切正常后再背机正式作业。

（3）热机启动。汽油机在热机状态下启动时，应将阻风门手柄置于全开位置。启动时，如吸入燃油过多可造成启动困难，可取下火花塞，全开阻风门拉动启动器5~6次，然后装上火花塞，按前述方法启动。

（4）作业。切割作业时，周围15米范围内不许有人，以防发生意外。割灌机的工作场地中不得有金属、石头、硬木、塑料袋、易拉罐等引起刀片损伤的物品。如果工作场地中有以上物品，必须先清理完再进行切制作业。割灌机作业时，转速控制在7 000~8 000转/分，转速过高极易损害汽油机。根据不同的作业对象选用不同的刀片，选择原则（图2-21）。

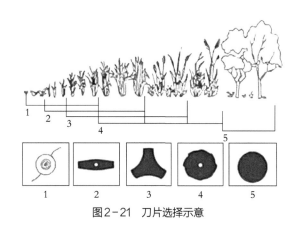

图2-21　刀片选择示意

（5）停机。上推油门手柄使汽油机低速运转30秒以上。按住红色停车按钮至停机为止，汽油机即停止运转。

3. 汽油机的调整

（1）火花塞间隙调整。汽油机运转一定时间后，火花塞电极由于烧损而使间隙超过0.6~0.7毫米的规定范围，需调整侧极使之达到规定值，当壳体与绝缘体间隙内充满积炭，而使电极间不跳火时，应及时清除积炭（图2-22）。

（2）磁电机间隙调整。磁电机定子与转子间隙应保证在0.3~0.4毫米（图2-23），如不在此范围，可松动2个M5×25螺钉，调整定子，保证此间隙。

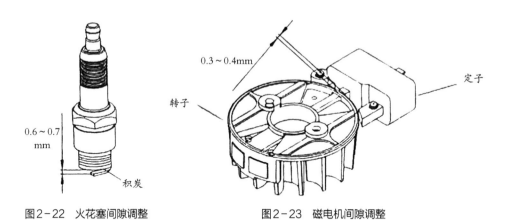

图2-22　火花塞间隙调整　　　　图2-23　磁电机间隙调整

（3）化油器调整。一般情况下化油器不进行调整，新机器出厂时已调到最佳位置，在使用和维护过程中，如果确实需要调整化油器，最好找有经验的维修人员或到专业维修点进行维护和保养。无经验的用户不要自行调整化油器，否则将损坏化油器，造成更大的经济损失。

4．日常保养

（1）汽油机的保养。

①日常保养（班保养）：清理汽油机表面上的油污和灰尘。拆除空气滤清器，用汽油清洗滤芯。检查油管接头是否漏油，结合面是否漏气，压缩是否正常。检查汽油机外部紧固螺钉，如松动要拧紧，如脱落要补齐。保养后将汽油机放在干燥阴凉处用塑料布或纸盖好，防止灰尘油污弄脏，防止磁电机受潮受热，导致汽油机启动困难。

②50小时保养（按汽油机运转累计时间）：完成日常保养。清洗油箱。清除火花塞积碳，调整间隙至0.6~0.7毫米。清除消音器中消音板积碳。拆下导风罩，清除导风罩内部和气缸体散热片间的灰尘和污泥。

③100小时保养（按汽油机运转累计时间）：完成50小时保养。拆开化油器全部清洗。拆卸缸体、活塞环，清除缸体排气孔、活塞顶部、活塞环槽、火花塞积碳。拆下风扇盖板、风扇，清除壳体内部油污尘垢。清洗曲轴箱内部，清洗过程中应不断地转动曲轴，以达到清洗主轴承和连杆轴承的目的。检查点火系统：磁电机间隙是否在0.3~0.4毫米；火花塞点火是否正常；

高压腊克线与火花塞卡簧接触是否良好。检查油封是否漏气。检查汽缸压缩情况。

④500小时保养（按汽油机运转累计时间）：拆卸全机（曲轴连杆除外）清洗和检查，同时检查易损零件磨损情况，根据具体情况进行修理和更换。

（2）机具的保养。每使用50小时向齿轮箱内、硬轴外表面补加耐高温润滑脂。刀片磨钝、出现裂纹或不完整时应及时修整或更换。

（3）长期贮存。倒净油箱内的燃油。排净化油器内的燃油。清洗干净空气滤清器，并重新组好。卸下火花塞，向燃烧室内注入几滴机油，拉动几次启动器，使活塞停止在上止点附近。卸下刀片，在其两面擦上少许机油。清洗干净每个零件，损坏的及时更换。把割灌机贮存在通风干燥的仓库内。

5. 常见故障处理

（1）汽油机不能启动。

◎没有燃油。处理方法：添加燃油。

◎火花塞帽松动。处理方法：按紧火花塞帽。

◎火花塞损坏。处理方法：更换火花塞。

◎缸体内燃油过多。处理方法：卸掉火花塞，拉动启动器数次。

◎空滤器过脏。处理方法：清洗空滤器。

（2）启动困难且功率不足。

◎空滤器脏。处理方法：清洗空滤器。

◎进气管脏。处理方法：清洗进气管。

◎进气管进水。处理方法：清除进气管内水。

◎化油器堵塞或泄漏气体。处理方法：更换化油器或化油器垫。

◎油门绳控制不灵。处理方法：调节油门绳。

◎燃油太脏。处理方法：更换燃油。

（3）操作不正常。

◎空滤器脏。处理方法：清洗空滤器。

◎火花塞缺陷。处理方法：清除火花塞积碳或更换。

（4）汽油机过热。

◎火花塞积碳、间隔未调好。处理方法：清除积碳、调整间隙。

◎空滤器过脏。处理方法：清洗空滤器。

◎缸体散热叶片过脏。处理方法：清理缸体叶片。

◎润滑油不足。处理方法：加足润滑油。
◎启动器进风口或风扇阻塞。处理方法：清除阻塞物。
（5）不正常的振动。
◎刀片安装不正。处理方法：重新安正并紧固刀片。
◎汽油机连接松动。处理方法：紧固汽油机螺钉。

6．安全防范

操作者必须身体健康、精神状态良好，凡属精神病患者、醉酒的人、无操作知识的人、未成年人或老人、妇女怀孕或经期、劳累过度或没休息好的人、有病正在吃药不能正常工作的人员不能操作使用割灌机。

操作者必须穿工作服：工作服必须实用，不能妨碍行动。不得穿裙子、大衣，不得戴围巾、领带及首饰。必须戴劳保手套，必须穿劳保防滑鞋，必须戴安全帽，必须戴防护眼镜或护眼套，必须戴耳机或耳罩。不要一个人单独作业，以便在紧急情况下及时救援。

割灌机工作时，绝不允许任何人进入工作危险区，危险区半径为15米。操作割灌机时，双手不要触及消音器、缸体，避免烫伤，避免发意外伤害事故。割草时，应从左到右切割，以防止草屑及有可能溅起的小石块等杂物飞向操作者，减少不必要的伤害。千万不要在有电线和铁丝网的地方操作，防止发生意外事故。割灌机的工作场地中不得有金属、石头、硬木、塑料等引起刀片损伤的物品。

割灌机配套动力用汽油作燃料，而汽油为易燃品，应注意防火。严禁在汽油机旁边点火或吸烟。加油后应将油箱盖旋紧，如有外漏燃油应擦干净，将机器移离加油的地方再启动。禁止汽油机在工作状态下添加或倒出燃油。存放前应将油箱和化油器内的燃油放干净，将机器擦干净，存放在通风、远离火源的地方。禁止使用不合格的汽油和机油作燃料。存放时应放在小孩拿不到的地方，避免发生意外。

（三）植保机械

植保机械是指用于植物保护的机械。植物保护是农林生产的重要组成部分，是确保农林业丰产、丰收的重要措施之一。植保机械的分类方法，一般按所用的动力可分为人力(手动)植保机械、畜力植保机械、小动力植保机械、拖拉机配套植保机械、自走式植保机械、航空植保机械。按照施用化学药剂的方法可分为喷雾机、喷粉机、土壤处理机、种子处理机、撒颗粒机等。

1. 电动喷雾器

电动喷雾器是在手动喷雾器的基础上，以电作为动力，利用空吸作用将药水或其他液体变成雾状，均匀地喷射到其他物体上的器具。电动喷雾器适用于各种农作物和经济作物的病虫害防治，如茶树、水稻、小麦、玉米、大豆、蔬菜、桑树、葡萄、柑橘等；也可用于园艺花卉病虫害的防治以及宾馆、车站等公共场所和禽舍、畜舍的卫生防疫与清洁环境等。

以台州市黄岩天文模具有限公司制造的3WD-16A电动喷雾器为例。

（1）主要技术参数及结构。

①主要技术参数：药箱容量见桶身刻度标识；最大工作压力0.5兆帕，电池型号：8Ah/12Ah（选配）；工作电流：2~3A；电机转速3 800~4 000转/分；连续工作时间（3±0.5）小时；电机功率30~50瓦。

②产品结构：背负式电动喷雾器主要是由药液箱、底盖、调速器、蓄电池、充电器、直流电机、隔膜泵等组成。

③工作原理：本产品由蓄电池供电，电机带动隔膜泵，使泵内产生高压，经喷洒部件喷射出雾化水。

④产品特点：智能、节药、高效。单人操作，喷雾强劲，雾化效果好；具有环保、节能、高效、高度节药和智能等优点；无废气排放和噪声污染；较手动喷雾器效率高4~5倍。

（2）使用方法。逆时针方向旋开药箱盖子。将已经配制好的药液经过滤网缓缓加入药箱内（加药液时必须经过滤网过滤）。然后顺时针方向旋紧药箱盖。背好喷雾器，左手伸向后面，打开电源的开关，此时水泵会自动工作。右手压下手柄上的开关即可进行喷雾。喷洒完毕将电源开关关掉。如中途暂停喷雾时，也要关掉电源开关，以免机内压力开关频繁工作而缩短使用寿命。

背负式电动喷雾器如果关掉手柄开关，在压力达到水泵开关断开值时，机内的压力开关将起作用。背负式电动喷雾器可以通过调压旋钮来调节压力的大小。

由于电动喷雾器装满水后重量较重，请用手提起放在约70厘米高的桌面或其他物件之上再背上，以确保使用者人身安全。在使用前请将背带长度及压力调整好。

（3）维护保养。每次使用完毕，必须用清水进行冲洗系内残留药液（或喷大量的清水）。每次使用完毕应马上对电动喷雾器进行充电，以便下次能正常使用。严禁将电动喷雾器浸入水中清洗，以免损坏电器元件。不要迎风喷洒农药。电动喷雾器不得用来喷射腐蚀性液体及非水溶性的粉末，以免造成损害。

（4）充电器和蓄电池。电动喷雾器完全充好电要10~12小时，当充电指示灯变为绿色时表示电已充满。应确认交流电的电压与充电器的输出电压相符，确认充电器的输出电压与电池的输出电压相符。充电时不要与易燃物品放在一起，应在容易散热的地方进行充电。充电完毕，应先拔下充电器电源的插头。充电器严禁给其他充电设备充电。充电器机内有电，非专业人员不得拆开。注意充电器的防潮和防震。严禁小孩玩耍充电器。

蓄电池必须充足电存放。使用后应及时给蓄电池充电。如果长时间不用，也应一个月给蓄电池充一次电。使用的前一天，应给蓄电池充足电。

（5）常见故障处理。

①不出水：

◎检查进水管、滤网是否堵塞。处理方法：检查进水管，清洗滤网。

◎检查手柄上的开关是否未打开。处理方法：打开手柄上的开关。

②压力不足：

◎检查蓄电池电力是否充足。处理方法：如电力不足，请给蓄电池充电。

◎检查蓄电池是否过期。处理方法：更换蓄电池。

◎检查水泵内是否磨损。处理方法：更换水泵组件。

③不通电：

◎检查各电线连接部位是否脱落，保险丝是否烧坏。处理方法：连接线路和更换保险丝。

◎检查是否电源开关损坏。处理方法：更换电源开关。

◎检查是否压力开关损坏。处理方法：更换压力开关。

（6）安全防范。

①阅读说明书：仔细阅读机器说明书，不明之处应到当地销售部门或植保部门咨询。

②充电：新购机器使用前，或长时间闲置的机器使用前务必充电。充电必须使用专用充电器，第一次使用时电池必须充满电。不要超过说明书规定的最长充电时间，否则电池易过充，造成电池漏液、发热、开裂。

充电时不要把机器的电源开关置于"-"位置。不要在潮湿的室内或者用湿手进行充电操作，以免触电；也不要在阳光直射、高温环境或者靠近发热物体使用、存放喷雾器，否则会加快电池老化，而且可能会发生电池漏液、发热、开裂、打火等现象；也不要在电池低温状态或者是在寒冷的室外进行充电，否则电池可能因漏液而缩短寿命。不要用力拉充电器的导线。

电线、插头等发生损坏，或者插座松动接触不良时不要使用，否则可能发生触电、短路、着火等危险。如果插头没有完全插到位，也会发生触电、着火等危险。

充电器与电池等不要放在潮湿或灰尘多的地方，以免发生触电、发热、破裂等现象。如果发现电池有漏液、变色、变形等异常现象，不可再使用。

定期清除插头上面的灰尘，电池接头有污垢要用干布擦拭，接触不良会造成机器断路或者不能充电。为确保安全，不要在儿童能够接触到的地方存放或使用机器，以免发生触电。

③加液：应确认电源开关处于断开状态才能将药液加入喷雾器。药箱侧面有刻度，请按照作业量加注药液。一定要在其他容器中将药液混合均匀，按照药剂规定混合药液，混合不当的药剂不仅会伤害作物，还会伤及人体。加注完药液一定要拧紧药箱盖。

严禁用喷雾器喷洒强酸性液体、油漆、挥发剂。

④喷雾：初次装药液时，由于喷杆内可能含有清水，开始喷雾的前2~3分钟内所喷出的药液浓度较低，所以应注意补喷，以免影响病虫害的防治效果。

作业时应该按作业标准要求或说明书要求穿戴防护服装。要求戴有凸缘的帽子，戴防尘或防护眼镜，戴防尘口罩，穿防农药穿透的外衣，戴长手套，穿高筒靴。不要光身操作，以免皮肤接触农药，损害人体健康。喷洒药剂最好在早上和下午凉爽无风的天气下进行，这样可减少农药的挥发和飘移，提高防治效果。作业人员要在风向上方（以药液不飘向作业人员为准）。若不慎将农药溅入嘴里或眼内，应立即用干净水冲洗，严重者请医生治疗。为确保人身安全，喷洒作业时，如感觉头痛、眩晕，应停止作业并请医生治疗。使用时禁止把喷头对准人、动物和食品。

喷洒结束后，药箱中的残留药液应按农药处理规定进行处理，并用清水洗净倒干。操作者必须冲洗身体各部位，特别是手和脸，并对各类穿戴衣物进行清洗。处理农药时，必须按照农药厂的说明进行处理。

下列人员不得进行喷洒作业：有严重疾病的人或精神病患者，醉酒的人，未成年人或年老体弱的人，无操作知识的人，劳累过度、受外伤、有病正在服药等不能进行正常操作的人，刚进行过剧烈活动没有休息好、睡眠不足的人，哺乳期、妊娠期的妇女。严禁小孩玩耍电动喷雾器。

2．机动喷雾机

机动喷雾器是把机具的各个工作部件装在一个机架上，作业时由人抬（推）着机架进行转移的喷雾器。机动喷雾器适用于对茶园、水稻、花卉、蔬菜、梨、桃、苹果等农作物及城市的环保绿化、病虫防治的药剂喷雾与畜牧防疫消毒等。

以浙江欧森机械有限公司制造的22ＢЗＺ型机动喷雾机为例。

（1）技术规格。22ＢЗＺ型机动喷雾机是由动力喷雾机、变速箱、汽油机等主要部件构成，以汽油机为动力驱动，通过齿轮带动动力喷雾机工作，具有结构紧凑、适用范围广泛、适应性强、效率高、操作简便、维护简单等特点。特别适用于山地、丘陵地带的喷雾、灌溉、打药等工作。

22ＢЗＺ型机动喷雾机重量为25.3千克；工作流量为15~24升/分；工作压力1~4兆帕；发动机功率为3.2千瓦；发动机型号为ＯＳ-168Ｆ。

（2）操作说明。

①使用条件：介质水温不超过40℃。介质ｐＨ值在5.5~8.5。三缸柱塞泵在开机运行50小时后进行过机油的更换。介质中不含不溶于水的固体或粉末类溶剂。

②使用前准备和检查：汽油机请添加90号以上无铅汽油，机油采用ＳＡＷ10Ｗ-30型机油或相同性能产品。检查汽油机燃油是否添加，检查汽油机机油是否添加到合适的位置，检查柱塞泵机油添加是否到油位线位置。检查柱塞泵调压轮是否旋松。向后旋转喷枪尾部的调整握把。连接好进水管、回水管。先注入少量清水，检查机器是否有泄漏和喷头堵塞等异常情况。

利用清水测试风速和风向，保证工作人员处于上风位。在注入农药时切不可高于最高刻度线，以防止农药溢出。农药请彻底拌匀后再使用，如采用粉末类溶剂，请确保粉末已完全溶解于溶液中。开始作业前请穿戴好防护服装，至少必须佩戴防毒口罩。

③启动作业：打开汽油机开关，打开燃油开关，关闭阻风门（图2-24），调整节气门到打开的位置（如果机器是临时关机后再启动的，请打开阻风

门）。轻轻拉动启动手柄，当手感觉到突然加重无法拉动时加速度拉动启动手柄。机器启动后打开阻风门，调整节气门手柄到合适位置（一般将节气门手柄调整到最大化的位置即可）。看到喷枪口有喷雾即关闭出水开关，调整泵压力到2.0~3.5兆帕即可用于打药喷雾和消毒作业，调整喷枪握把到合适的喷雾状态。

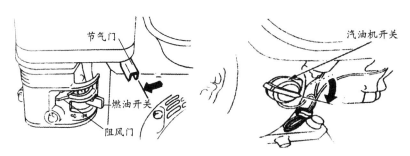

图2-24 启动作业

④停机：抬高手动泄压阀，关闭出水开关。

（3）日常保养。

机器在初次使用50小时后必须更换机油，方法如图2-25。将泄油螺丝拧松后将内部机油排除后，拧紧泄油螺丝，打开加油盖，将合格机油加入箱体内，观察油位到如图位置即可。

每使用20小时后，将图2-26所示黄油杯旋紧一圈。当油杯无法旋转时请将油杯旋出，打开油杯，加入黄油（三号以上锂基润滑脂），并继续重复上述动作。

经常检查汽油机机油标尺是否达到如图位置。

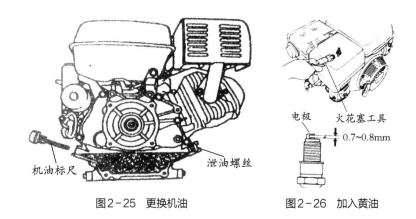

图2-25 更换机油　　图2-26 加入黄油

用火花塞工具将火花塞拧下,检查电极是否积碳,采用清洁汽油进行清理,并调整电极间距到0.7~0.8毫米(一般情况下不要进行电极调整)。

具体保养周期见表2-8。

表2-8 机动喷雾机相关保养周期

项目		保养周期				
		每次	20小时/初次使用后	50小时/每季度	100小时/每6个月	300小时/每年
汽油机机油	检查油位	✓				
	更换		✓		✓	
柱塞泵机油	检查油位	✓				
	更换		✓	✓		
空滤器	检查	✓				
	清洁			✓		
	更换					✓
沉淀杯	清洁				✓	
火花塞	清洁				✓	
怠速	调整					✓
气门间隙	调整					✓
阀门垫圈	更换			✓		
燃油过滤器	清洁					✓
燃油油路	清洁					✓
泵所有密封圈	更换					✓

(4)常见故障处理。

①汽油机不启动:

检查相关开关和扳手:

◎汽油机开关未开启。处理方法:将开关打开。

◎油门未打开。处理方法:将油门开关打开。

◎阻风门处打开状态。处理方法:关闭阻风门。

检查汽油:

◎汽油不足或过期。处理方法:添加或更换新鲜汽油。

检查机油：
◎机油未添加或油位低。处理方法：添加足量合格机油。
火花塞检查：
◎火花塞积碳。处理方法：清理火花塞表面碳层。
◎火花塞间隙不当。处理方法：调整火花塞电极间距。
在上述情况处理后仍无法启动发动机时请联系生产厂家进行修理。
②三缸柱塞泵不能正常工作：
喷枪不出水：
◎喷枪关闭。处理方法：打开出水开关。
◎进水接头密封不良。处理方法：将进水管拧紧。
◎喷枪堵塞。处理方法：检查喷枪口，并清理枪口。
◎药箱水位不够。处理方法：添加药液。
◎药箱进水口堵塞。处理方法：清理药箱进水口。
喷枪作业无力：
◎压力不足。处理方法：调整调压轮到合适压力。
◎进水管漏气。处理方法：检查进水管是否密封良好或者更换。
◎喷雾机阀门堵塞。处理方法：清理阀门或者更换。
无法上压：
◎药桶内无药液。处理方法：添加药液后再启动机器。
◎阀门损坏。处理方法：更换配件包内的阀门套环。
◎喷嘴口径不合适。处理方法：调整合适的喷嘴口径。
◎手动泄压扳手未放下。处理方法：放平手动泄压扳手。
◎压力表损坏。处理方法：更换压力表。
温度太高：
◎机油过脏。处理方法：更换机油。
◎机油油位过低。处理方法：添加机油。
◎压力过高。处理方法：适当的降低压力。
柱塞漏油：
◎柱塞油封损坏。处理方法：更换柱塞油封。
缸体漏水：
◎水封损坏。处理方法：更换水封。
③汽油机动力不足：

检查燃油：

◎燃油变质。处理方法：更换新鲜燃油。

检查空滤芯：

◎空滤芯堵塞。处理方法：清洁或者更换空滤芯。

（5）安全防范。使用前请仔细阅读机器说明书相关操作规程和防护说明，以免发生不必要的损失和损伤。

机动喷雾机采用皮带传动，在作业前请仔细检查防护措施是否完整，安全网是否安装，如掉落或者损坏，请联系经销商或者就近维修点进行更换或者加装。如用于打药作业时请作业人员必须佩戴防护服、防护口罩等防护用具，并在作业完成后进行人体消毒和清洗。每次打药作业完成后请注意残留农药的废弃和保存。进行作业时严禁将喷枪口对准人或者动物。

避免顶风作业，以免造成人员中毒现象。使用过程中严禁烟火和各种火源。

长时间存放时请清洁机器表面，清理汽油机内残留汽油。并存放在小孩够不到的地方。注意机器表面各处的安全标识，并了解安全标识的含义。严禁使用强酸、强碱等特殊溶液。严禁小孩、老人和不能控制自己行为的人、不能在高噪声下工作的人操作该机器。

3. 无人飞行喷雾机

无人飞行喷雾机是用于农业生产的一种以无线电遥控或由自身程序控制为主的飞行喷雾机，按旋翼数量可分为单旋翼遥控飞行喷雾机和多旋翼遥控飞行喷雾机。飞行喷雾机主要由喷雾机飞行平台及农药喷洒系统共同组成，是具有手动遥控飞行作业方式或地面站参与的自主控制作业方式的一种农业植保机械，不仅可以喷洒农药、叶面肥，还可以辅助授粉作业、农田信息采集等作业，适用于高山茶园、水稻田、小麦地、果树林等农业领域。

以广东东莞市大疆创新科技有限公司制造的3WWDZ-40B T50农业无人飞机为例。

（1）基本结构。主要结构包括螺旋桨、电机、电调、机头指示灯（位于前方2个机臂上）、机臂、折叠检测传感器（内置）、喷杆、喷头、作业箱、液泵、FPV云台相机、下双目视觉、前双目视觉、探照灯、前相控阵数字雷达、后相控阵数字雷达、起落架、智能飞行电池、机载D-RTK天线、内置OCUSYNCTM图传天线、外置OcuSync图传天线和机尾指示灯（位于后方2个机臂上）组成（图2-27）。

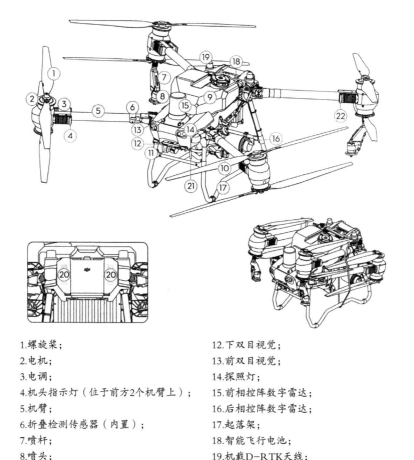

1.螺旋桨；
2.电机；
3.电调；
4.机头指示灯（位于前方2个机臂上）；
5.机臂；
6.折叠检测传感器（内置）；
7.喷杆；
8.喷头；
9.作业箱；
10.液泵；
11.FPV云台相机；
12.下双目视觉；
13.前双目视觉；
14.探照灯；
15.前相控阵数字雷达；
16.后相控阵数字雷达；
17.起落架；
18.智能飞行电池；
19.机载D-RTK天线；
20.内置OCUSYNCTM图传天线；
21.外置OcuSync图传天线；
22.机尾指示灯（位于后方2个机臂上）。

图2-27 3WWDZ-40B结构示意

（2）飞行器。

①喷洒作业模式：喷洒作业模式包括大田航线（地块或A-B点）、果树航线及手动作业模式。通过App模式选择进行切换，在作业界面可进行地块规划、航线设置等操作。用户可根据不同作业场景选择相应作业模式进行喷洒作业，还可根据需求选择"简易模式"或"常规模式"。详细操作步骤见大疆农业App章节。

②作业恢复：若中途退出大田航线作业，飞行器将记录断点，用户可通过作业恢复功能返回该点。作业恢复功能主要用于作业中途向作业箱加药、

更换飞行器电池或避障等操作。

记录断点：作业过程中，在 GNSS 信号良好的情况下，执行以下操作均会使飞行器记录断点。若 GNSS 信号弱，则飞行器进入姿态模式，退出当前作业，并记录最近一次 GNSS 信号良好时的位置为断点。

在 App 中点击右下角"暂停"按键或"结束"按键（注意：A－B 点作业时点击"结束"按键将直接结束作业，不会记录断点，亦不可继续作业）；飞行器以任意方式进入返航过程；遥控器俯仰杆或横滚杆有打杆动作；检测到障碍物，飞行器紧急刹车进入避障模式；雷达模块避障功能开启，但检测到雷达异常无法正常工作；飞行器飞行达到限远或即将进入禁飞区；作业箱无药；飞行器进入低电量降落过程；当飞行器与遥控器连接断开时，若未在飞行器设置中开启"失联后继续作业"，则飞行器执行失联后行为时会记录断点。

进行作业恢复：通过以上任意一种方式退出作业，飞行器记录中断坐标点。在飞行器进行其他操作或确保触发记录断点的条件已解除后，操控飞行器至合适的位置。

选择飞行器返回路线：对于大田航线作业，若满足以下条件之一，可使用智能断点续航功能，App 将根据断点位置和飞行器位置等计算最优返回点，以减少飞行器满载空飞的距离。开始作业前，可在飞行器设置－航线优化中开启"智能断点续航"，也可在飞行器降落后，在 App 左侧菜单栏中打开/关闭该功能。

对于不满足以上条件的大田航线作业及其他模式作业，默认返回路线为直接飞回断点。用户也可选择 App 显示列表中的返回点，此时飞行器将沿垂直作业路线的路径飞回作业路线。

点击 App 右下角"继续"按键，飞行器将按照已选的返回路线飞回作业路线，然后继续作业。对于大田航线（地块）及茶园航线作业，返回时支持智能启航功能，飞行器将经过添加的中转点返回断点。

对于已规划的障碍物，飞行器将在飞回断点或返回点时自动绕行。其他情况下，用户需手动打杆控制飞行器方向，详见下方"手动避障"。

应用：大田航线及茶园航线作业过程中，若未启用雷达模块避障功能，则当作业路线上存在未标记的障碍物或出现其他紧急情况（如飞行器行为异常）时，用户可通过控制飞行器前后左右飞行方向进行手动避障或紧急情况的处理。以下以手动避障为例进行说明。

手动避障：退出大田航线或果树航线。作业过程中，若作业路线上存在障碍物需要躲避时,通过遥控器控制飞行器前后左右方向(遥控器俯仰杆或横滚杆有打杆动作),飞行器将自动退出作业并记录断点 C 点,然后自动切换至手动作业模式,响应摇杆动作后悬停(图 2-28)。

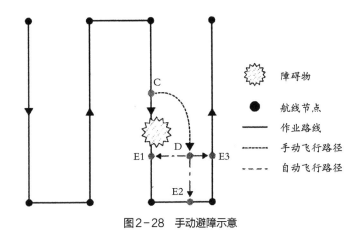

图 2-28 手动避障示意

绕过障碍物。切换至手动作业模式后,用户可通过遥控器控制飞行器绕过障碍物,由退出作业时的 C 点绕开障碍物飞至 D 点。

恢复作业。在 App 显示的断点及返回点作业列表中,选择返回点 E1、E2、E3 其中之一,点击"继续"按键,则飞行器沿垂直于作业路线的路径由 D 点飞至所选返回点,然后继续作业。

③无药告警:飞行器将根据用户设置的剩余药量阈值、作业箱当前药量、飞行器当前状态及作业参数等计算无药点,并在地图上显示。对于大田航线、手动作业及果树航线作业模式,用户可在 App 中设置药量喷完后的飞行器行为为悬停、爬升 3 米或返航。

在飞行器设置中开启显示无药点开关,并设置药量喷完后的飞行器行为。App 提示无药时,飞行器将自动关闭喷头停止喷洒。操控飞行器降落并停止电机,然后用户向作业箱中加药并拧紧作业箱盖子,进入所需模式继续作业。

④数据保护:在大田航线及茶园航线作业模式下,用户可中途暂停作业,断开飞行器电源进行更换电池或加药等操作。作业进度及作业恢复功能记录的断点将被保存,用户重新连接飞行器电源后,可按照"作业恢复"的步骤继续作业。

在航线作业过程中,若遇到 App 崩溃、遥控器与飞行器断开连接等异常情况,则飞控自动记录断点,在重新连接至飞行器后,App 将自动恢复断点信息。若恢复未自动进行,可进入 App 中飞行器设置＞高级设置,点击"恢复飞控未完成作业",然后在作业列表的"进行中"标签中重新调用作业。

(3)大疆农业 App。

①主界面(图2-29)。

1.用户中心:在此查看已登录当户的用户信息;
2.消息中心:在此查看关于植保机及团队变更、作业监管等相关通知;
3.通用设置:点击打开通用设置菜单,可进行参数单位设置、隐私权限设置等;
4.文件管理:在此查看已规划地块、作业进度、处方图及重建成果等信息,点击文件可跳转至对应作业界面;
5.日志上传:在此上传故障日志、查看各模块故障解决办法;
6.设备管理:点击后可查看设备连接状态、固件版本;
7.飞行器连接状态:显示是否连接飞行器;
8.开始:进入作业界面。

图2-29 大疆农业 App 主界面

②作业界面(图2-30)。

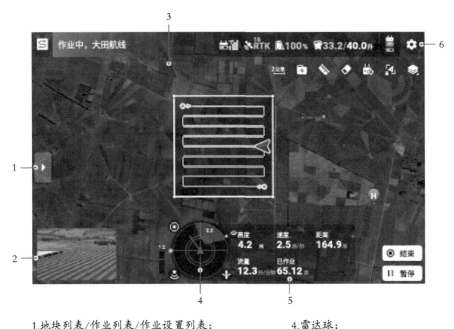

1. 地块列表/作业列表/作业设置列表；
2. FPV云台相机画面；
3. 上方障碍物提示；
4. 雷达球；
5. 飞行及作业状态参数；
6. 设置。

图2-30 大疆农业App作业界面

在作业界面可查看飞行器状态、设置参数，选择不同作业模式并进行地块规划及作业执行。从屏幕左右边缘向内滑动可返回至主界面。长按作业界面上的图标或按键可查看其功能描述，点击作业界面出现的提醒可查看对应提示。下面对作业界面的其他显示及设置菜单进行说明。

◎地块列表/作业列表/作业设置列表：点击展开列表。未执行作业前，显示地块列表或作业列表，可查看已规划的地块及进行中的作业。调用作业或执行作业后，显示作业设置列表，可进行相应的作业参数设置，不同作业模式下可调节的参数有所不同。

◎FPV云台相机画面：显示FPV云台相机实时画面，点击可与地图切换全屏显示。在作业界面右上角点击图层选择，在下拉菜单中选择"机头朝向"后在FPV画面中显示飞行辅助线。

◎上方障碍物提示：若上方避障功能开启，检测到障碍物时，界面上方出现红色区域，同时显示障碍物距离。

◎雷达球：显示飞行器朝向及返航点位置等信息。若开启避障功能，则显示检测到的障碍物信息。红色、黄色、绿色依次指示由近及远的障碍物，数值表示障碍物与飞行器的相对距离，单位为米或英尺。点击雷达球可在弹出的菜单中开启或关闭避障、定高及绕行功能，若选择关闭，雷达球外圈对应图标将显示红色加以提示(图2-31)。

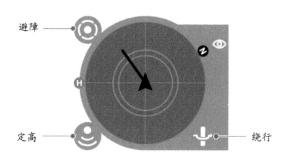

图2-31　雷达球

◎飞行及作业状态参数：

若定高功能开启，则实时显示飞行器与下方物体的相对高度。若定高功能未开启，则显示飞行器与起飞点的相对高度。

显示高度分为以下3种：

一是融合对地高：当视觉系统及雷达正常工作且飞行器相对下方物体高度＜10米时，显示为融合对地高，此高度为视觉系统及雷达传感器所测得的飞行器与下方物体的相对高度。

二是雷达对地高：当飞行器相对下方物体高度＞10米或飞行器下方为水面时，显示为雷达对地高，此高度为下雷达所测得的飞行器与下方物体的相对高度。

三是绝对高：当定高功能未开启或视觉系统及雷达未工作时，显示为绝对高，此高度为飞行器相对于起飞点的高度。

距离：飞行器与返航点水平方向的距离。

速度：飞行器的飞行速度。

流量：喷洒流量。

面积：显示与作业区域相关的面积数值。

◎设置：打开设置菜单，可设置飞行器及遥控器等相关参数。

飞行器设置：在此完成与飞行器对频及恢复未完成作业，可设置参数主要包括启航/返航速度及高度、药量喷完后行为、作业完成后行为、飞行器失联后行为、刷新返航位置、照明灯开关、航线优化（行距自动微调、智能断点续航、显示无药点、标定点纠偏），飞行安全限制（飞行距离限制、飞行高度，允许姿态模式开关）、续保验机。

喷洒系统设置：包括喷洒和播撒系统开关、喷洒系统实时数据、清洗管道、排出管道空气、设置流量计误差提醒、离心喷头甩盘类型选择，在喷洒校准中，可进行流量计/水泵校准、称重传感器去皮校准及设置称重传感器参数。

遥控器设置：主要包括遥控器校准、摇杆模式、按钮功能总览、自定义按钮。

感知设置：包括全向避障开关、作业场景选择、定高及绕行功能开关、雷达灵敏度设置、雷达侧向探测距离及视觉增强避障开关（开启后可提高对细小物体的避障能力）。

RTK 设置：包括 RTK 定位及定向开关、RTK 信号源及对应的参数设置与显示。

图传设置：包括信道模式、扫频图及图传信道选择。

智能电池设置：包括低电量行为、低电量报警阈值及查看电池信息。

操作模式：大疆农业 App 内设有两种操作模式，分别为简易模式和常规模式，不同模式下进行自动喷洒作业时所需的操作及设置有所不同，以满足不同用户需求。

简易模式无须复杂操作即可进行大田航线及果树（茶园）航线作业，适合新手用户快速上手。该模式下，飞行器在无药、失联、低电量及作业完成时的行为默认为返航。

常规模式可进行大田航线作业、手动作业及果树航线作业，能够实现更多灵活操作。该模式下，飞行器在无药、失联及作业完成时的行为默认为悬停，低电量行为默认为告警。

按照以下步骤切换操作模式：进入大疆农业 App 作业界面，点击左上角模式切换按键进入作业方式选择页面。在左上角可查看当前操作模式，点击可打开面板进行选择。

③喷洒作业：喷洒作业模式包括大田航线作业、手动作业及果树航线作业，通过大疆农业 App 的模式选择按键进行切换。用户可根据不同作业场景选择相应模式进行喷洒作业。大田航线作业及果树航线作业可在简易模式

下进行操作。以下仅介绍果树航线作业。

该模式适合在有一定坡度的果树地形进行作业。用户可在果树航测的重建结果中进行植保规划生成地块,也可在大疆智慧农业平台或大疆智图中规划地块,并通过大疆农业服务平台下载、microSD 卡导入等方式获取果树作业信息,然后在果树航线作业模式下调用作业。

下载/导入果树作业信息:在大疆农业 App 主界面点击进入文件管理页面。在弹出的窗口中选择所需果树作业并下载。或将存有大疆智图规划数据的 microSD 卡插入遥控器的卡槽,进入大疆农业 App 主界面,在弹出的对话框中选择规划数据,点击"导入",然后可在文件管理页面查看作业。

下载或导入的作业将显示在果树航线作业模式页面的作业列表中。

编辑地块:进入大疆农业 App 作业界面,点击左上角模式选择按键,在植保面板中选择"果树航线"后,选择所需作业,点击"编辑",可对本地重建生成的果树作业进行编辑(图 2-32)。

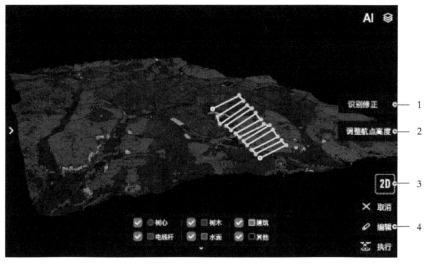

1.识别修正; 2.调整航点高度; 3.3D视图; 4.编辑航线。

图 2-32 大疆农业 App 喷洒作业界面

◎识别修正:点击右上角 AI,再选择"识别修正",可对地块识别结果进行识别修正。拖动地图,点击"添加",在十字准星所在位置添加树心点,双击已有树心点可进行删除。选择对应选项并添加边界点,可将圈定范围标记为树木、建筑、电线杆、水面或其他。

◎调整航点高度：点击航点将其选中，然后可调整所选航点的高度。可同时选中多个航点进行高度调整。

◎3D视图：点击"3D"，可在三维视图下查看航线与地面、周围物体的相对高度。点击"调整航点高度"后选择3D，可在三维视图下对航点高度进行更为精确的调整。

◎编辑航线：点击"编辑"，可进入另一个编辑页面对地块边界点、航线进行编辑（图2-33）。

选择打点类型后，拖动地图，点击"添加"，在十字准星所在位置添加边界点或标定点。

规划地块后自动生成航线，航线上的绿点表示航线起始点，黄点表示航线结束点。可对航线进行以下设置：

调整航线方向：拖动图标调整已生成航线的方向；点击后，在弹出的菜单中进行航线方向的微调。

1.添加边界点和标定点；　　2.进行航线设置。

图2-33　大疆农业App喷洒作业界面

作业类型：可选择作业类型为连续喷洒、树心定点喷洒或过树心连续喷洒。根据不同航线规划模式将会有以下6种喷洒作业方式（表2-9）。

表2-9 果树作业喷洒方式

作业类型	区域航线规划	自由航线规划
连续喷洒	添加边界点形成作业区域后,在作业区域内自动生成作业行距相等的之字形航线,飞行器将在航线全程开启喷洒,仅在无果树位置不喷洒	用户沿果树分布走势手动添加航点,航点按顺序相连形成航线,飞行器将在航线全程开启喷洒,仅在无果树位置不喷洒
树心定点喷洒	添加边界点形成作业区域后,在作业区域内自动生成经过每个树心的航线,飞行器仅在树心上方进行喷洒	用户沿果树分布走势手动添加航点,App将自动连接各航点间1.5米范围内的树心形成航线,飞行器仅在树心上方进行喷洒
过树心连续喷洒	添加边界点形成作业区域后,在作业喷洒区域内自动生成经过每个树心的航线,飞行器将在航线全程开启喷洒,仅在无果树位置不喷洒	用户沿果树分布走势手动添加航点,App将根据附近树心位置调整航点并形成航线,飞行器将在航线全程开启喷洒,仅在无果树位置不喷洒

相对作物高度:设置飞行器执行作业时的相对作物高度。

航线间距:通过"区域航线规划"生成的地块,可设置连续喷洒作业时的航线间距。

航线平滑度:调整航线平滑度。

绕过障碍物:开启后,飞行器将根据障碍物信息自动规划航线以绕过标记出的障碍物。

执行作业:将飞行器放置于作业区域附近,用户面朝机尾。依次开启遥控器和飞行器。进入作业界面,在模式选择中选择"果树航线"。点击屏幕左侧,在地块列表中选择相应地块,点击调用作业。

在左侧作业设置菜单中,可设置喷洒用量、流量、雾滴大小、飞行速度、相对作物高度。对于作业类型为"树心定点喷洒"的作业,可选择开启旋转喷洒,开启后飞行器将在树心上方自动旋转并喷洒药液。

航线调整:若规划的地块与实际作业区域有偏差,可点击"纠正偏移"。若航线中包含标定点,将飞行器放置于任一标定点处,点击"纠正到飞行器位置"。拖动地图,点击右侧"添加",可在十字准星所在位置添加中转点。中转点与智能起航功能一起使用,可调整启航路线,避开规划地块时未标记的障碍物。

点击执行:检查飞行器状态及作业设置,设置合适的启航/返航高度及速度,然后滑动滑块以自动起飞并执行作业。

（4）飞行。

①作业环境要求：为避免人身、财产损害及保障喷洒效果，请在风速6米/秒以下的环境进行喷洒作业。对于除草剂、易产生飘移药害/毒害的杀菌剂与杀虫剂，建议在风速3米/秒以下的环境中作业。

恶劣天气下请勿飞行，如大风（风速6米/秒及以上）、下雨（12小时降水量25毫米及以上）、下雪、有雾天气等。选择开阔、周围无高大建筑物的场所作为飞行场地。飞行时注意电线杆、高压线等障碍物，同时远离水面、人群和动物。始终在视距范围内飞行，且远离任何障碍物、人群、牲畜、水面等。检查并确保作业区域及附近无高压线、通讯基站或发射塔等电磁干扰。

大疆农业App会根据当前飞行器状态及周围环境智能推荐作业箱装载重量，用户装载药液的最大重量切勿超过推荐值，否则可能影响飞行安全。作业时确保GNSS信号良好，D-RTK天线不受遮挡。

②飞行前检查：确保飞行器电池、遥控器电池电量充足，喷洒所需农药充足。确保飞行器电池、作业箱安装到位。确保所有部件安装稳固。确保所有连线正确牢固。确保电机和螺旋桨安装正确稳固，且能正常工作，电机和螺旋桨清洁无异物，桨叶和机臂完全展开，机臂锁扣已扣紧。确保FPV云台相机及双目视觉系统清洁完好。确保喷洒管道无堵塞、无漏液。测试喷头是否正常工作。若喷头无法正常工作，可能是管道内有气泡所导致的，请排出管道内空气。

③启动/停止电机：

启动电机：执行如下掰杆动作之一并持续2秒可启动电机（图2-34）。电机起转后，请马上松开摇杆并尽快起飞。若不能立即起飞，请勿执行掰杆动作启动电机，否则飞行器可能失衡、产生漂移甚至自动起飞，从而造成人身伤害或财产损失。

或

图2-34　启动电机

停止电机：可通过以下两种方式停止电机：

方式一：下拉油门杆使飞行器着地后，将油门杆拉到最低的位置并保持，3秒后电机停止（图2-35）。

油门杆

图2-35 停止电机方式一

方式二：下拉油门杆使飞行器着地后，执行掰杆动作并持续2秒，电机将立即停止。停止后松开摇杆（图2-36）。

油门杆

图2-36 停止电机方式二

④基础飞行：将飞行器放置在作业区域附近，用户面朝机尾。作业箱中加入液体后，拧紧盖子。开启遥控器，确保大疆农业App正常运行，然后开启飞行器。确保飞行器与遥控器连接正常。

若使用RTK定位，确保正确选择RTK信号源。进入大疆农业App作业界面选择相应数据源。

若不使用RTK数据，务必确保RTK信号源选择为"无"，否则在无RTK数据时飞行器将无法起飞。

等待搜星，确保GNSS信号良好且RTK双天线测向已就绪。执行掰杆动作，启动电机。向上推动油门杆，让飞行器平稳起飞。

根据需要选择相应模式进行作业。需要下降时，确保已退出作业，可以手动操控飞行器，缓慢下拉油门杆，使飞行器缓慢下降于平整地面。落地后，将油门杆拉到最低的位置并保持3秒以上直至电机停止。停机后请先关闭飞行器，再关闭遥控器。

(5) 常见故障处理。

①动力电调：

电机：

◎电机堵转，尽快返航或降落。处理方法：检查电机是否转动不顺畅，或者桨叶破损变形，若有，则更换电机或桨叶；若无上述问题，可尝试重启飞行器。

◎电机存在超温风险时，尽快返航或降落。处理方法：冷却降温后清理电机表面脏污，然后重启飞行器；若电机仍存在问题，则立即更换电机。

电调：

◎电调通信异常时，尽快返航或降落。处理方法：关机状态下检查电调的线材连接器是否没插稳；若线材腐蚀或破损，则更换线材。

◎电调严重超温时，立即强制降落。处理方法：冷却降温后清理电调表面脏污，然后重启飞行器；若仍存在问题，则更换电调。

◎电机或电调连接异常时，尽快返航或降落。处理方法：在关机状态下检查电机与电调之间三相线连接器是否没插稳，然后重启飞行器；若重启后仍存在问题，则更换电调或电机。

②电池：

◎电池总电压过低，已无法使用。处理方法：停止使用此电池，更换电池上盖；若更换上盖后仍存在问题，则更换电池。

◎电池与飞控通信异常时，尽快返航或降落。处理方法：重启飞行器；若重启后仍存在问题，则检查航电板、喷洒板和电池之间各连接线是否有破损、插头是否有松动、电池是否接触不良；若仍存在问题，则更换电池。

◎电池认证失败，不允许起飞。处理方法：确认是否为大疆官方电池，若是官方电池，则更换电池。

◎电池容量长时间未更新，需要校准。处理方法：空载悬停，放电至提示降落，随后静置60分钟；充电至满电状态，再静置60分钟；重启电池；若连续2次校准后仍存在问题，则更换电池。

③航电系统：

◎姿态传感器（IMU）异常，影响飞行安全，请尽快返航或降落。处理方法：尝试重启飞行器，或升级飞行器最新固件；若仍存在问题，则更换航电板。

◎指南针异常，影响飞行安全，作业后检查。处理方法：重启飞行器；若重启后仍存在问题，则更换航电板。

◎RTK定位异常，定位精度变差，谨慎飞行。处理方法：重启飞行器，或升级飞行器最新固件；确认网络连接是否正常；若仍存在问题，则更换射频模块。

◎RTK天线异常，不允许起飞。处理方法：检查RTK天线与分线板之间连接线两端是否松脱；若仍存在问题，则更换RTK天线。

◎RTK定向异常，不允许起飞。处理方法：在空旷无遮挡环境下起飞；若仍存在问题，检查RTK双天线插头是否松动；若仍存在问题，则更换RTK天线。

◎图传信号差，不允许起飞。处理方法：重启飞行器；避免遥控器和飞行器之间存在遮挡；将遥控器天线竖起；若仍存在问题，则联系代理商检查飞行器图传天线或遥控器。

④遥控器：

◎遥控器中位点杆量过大。处理方法：校准遥控器。

⑤喷洒系统：

◎喷洒控制板与航电板断开连接，无法正常作业时，尽快返航。处理方法：重启飞行器；若重启后仍存在问题，则检查喷洒板与分线板之间互连线（Type-C连接线）两端是否安装到位或腐蚀，若腐蚀，更换互连线；若仍存在问题，则更换喷洒控制板或航电板。

◎流量计连接异常，喷洒流量控制精度差。处理方法：检查流量计插座是否松脱或腐蚀；若未松脱，则更换线材或流量计。

◎液位计已损坏，无药检测失效。处理方法：更换液位计；若更换液位计后仍存在问题，则更换喷洒板。

⑥播撒系统：

◎甩盘电机电调温度过高，作业后排查。处理方法：清理甩盘电机表面异物，待电机冷却后再作业；避免在过高的环境温度下作业；若仍存在问题，则更换甩盘电调或甩盘电机。

◎播撒板温度过高，停止作业。处理方法：清理播撒板上的脏污；停止工作10分钟，待播撒机冷却后再作业；若冷却后仍存在问题，则更换播撒板。

◎仓门舵机堵转，无法开启或关闭播撒，检查是否存在异物卡塞和齿轮跳齿。处理方法：清理仓门舵机周围异物；检查仓门舵机的齿轮是否发生跳齿；若仍存在问题，则更换线材或仓门舵机。

⑦雷达：

◎雷达温度过高，避障定高性能不稳定。处理方法：若环境温度超过50℃，避免在此环境作业；清理雷达表面脏污，然后重启飞行器；若多次出现此问题，则更换雷达模块。

◎雷达通信异常，避障定高功能性能减退。处理方法：重启飞行器；若重启后仍存在问题，则关机检查雷达线材两端是否安装到位或腐蚀，若腐蚀，则更换线材；若仍存在问题，则更换雷达模块或航电模块。

◎雷达供电异常，无法工作。处理方法：检查雷达插座是否松脱或腐蚀；若未松脱，则更换线材或雷达。

⑧充电器：

◎充电器交流模块电源输出电压过高。处理方法：重新插入或更换AC插座，若仍存在该问题，则联系大疆售后服务。

◎充电器交流模块电源模块总线不平衡。处理方法：重启充电箱，若仍存在该问题，则联系大疆售后服务。

◎充电器交流模块电源模块温度过高。处理方法：关闭充电箱，待冷却后再使用，若仍存在该问题，则联系大疆售后服务。

（6）安全防范。

①阅读用户手册：飞行喷雾机的使用具有一定的安全风险，不适合未满18岁的人员使用。使用前请务必仔细阅读《免责声明和安全操作指引》和《用户手册》的全部内容。

②农药使用：尽量减少使用粉剂类药剂，并在使用后及时清洁，否则可能影响喷洒系统寿命。请按农药使用规范安全操作，配药时，请使用清水，注意药水溅洒，防止机身农药残留对人体造成伤害。配药完成后需进行过滤再加入作业箱，以免杂质堵塞滤网。

用药时，若有堵塞，请及时清理后再使用。务必确保人员处于上风向处，避免农药飘落对人体造成伤害。请注意佩戴防护用具，防止人体直接接触农药。严禁污染河流和饮用水源。禁止使用强酸、强碱、高温液体以及国家明令禁止使用的农药。

施药后，请注意清洗皮肤、清洁飞行器及遥控器。

农药效果与药液浓度、喷洒流量、飞行器距作物高度、风向、风速、温度、湿度等密切相关，用药时应综合考虑上述因素，以达到最佳效果。确保用药过程中不会因上述因素对周围人、动物及环境等造成伤害或影响。应根据处理地块的面积确定需要使用的农药制剂和剂量，把剩余药液和清洗液喷洒到作物上是首先要考虑的方法。同时应该考虑安装专门的管道设备来处理清洗液。

③环境：在远离人群的开阔场地飞行。在0~45℃、天气良好（非大雨、刮风或极端天气）的环境中飞行。请勿在室内飞行，在合法区域飞行。飞行前，请咨询当地飞行管理部门，以符合当地法律法规。

④检查：确保各设备的电量充足。确保各零部件完好。如有部件老化或损坏，请更换后再飞行。确保起落架和作业箱安装紧固。确保螺旋桨无破损、无异物并且安装牢固，桨叶和机臂完全展开，机臂卡扣已扣紧。确保飞行器电机清洁无损。确保FPV云台相机及双目视觉系统清洁完好。确保喷洒系统无堵塞并且能够正常工作。App提示需校准指南针时，请校准后再飞行。

（四）灌溉机械

灌溉机械，是指利用各种能源和动力，将水灌入茶园的机械和设备。其中水泵是茶园灌溉中常用的机械。茶园灌溉常用的水泵有汽油机水泵、单级单吸管道离心泵等。

1.汽油机水泵

常见的汽油机水泵是一种离心泵，由水泵和支架组成。离心泵的工作原理就是在泵内充满水的情况下，发动机带动叶轮旋转，从而产生离心力，叶轮槽道中的水在离心力的作用下甩向外围流进泵壳，于是叶轮中心压力降低，这个压力低于进水管内压力，水就在这个压力差的作用下由吸水池流入叶轮。这样水泵就可以不断地吸水，不断地供水了。

以重庆翼虎动力机械有限公司的QGZ50-13-10汽油机水泵为例。

（1）主要技术参数及结构。

①主要技术参数：规定流量每小时13立方米，规定扬程10米，配套功率1.2千瓦，额定转速3 600转/分，临界气蚀余量5米，规定自吸高度4.5米，规定自吸时间120秒，泵效率20%，进出水口直径50毫米，净重16

千克,汽油机型号 YH152F/P。

②主要结构:QGZ50-13-10汽油机水泵主要由发动机、空气滤清器、燃油箱、机架、进出水管等组成(图2-37至图2-40)。

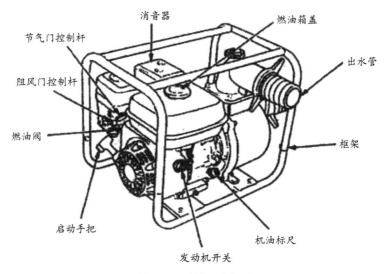

图2-37　结构示意(一)

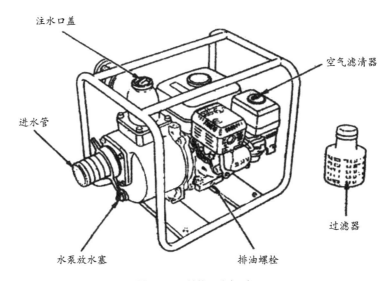

图2-38　结构示意(二)

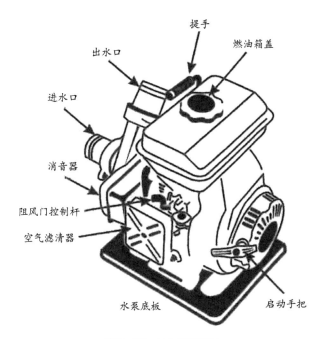

图2-39 结构示意(三)

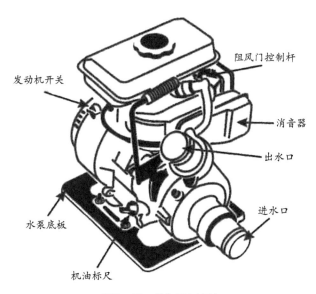

图2-40 结构示意(四)

(2)安装。

①发动机润滑油：发动机润滑油是影响发动机性能和寿命的主要因素。建议不要使用二冲程润滑油，因为它们缺乏足够的润滑特性。

检查发动机润滑油时，使其停止运行并处于水平。使用符合或超过美国API对服务等级SG、SF要求的机油，机油等级SG、SF发动机润滑油会在容器外标明。SAE10W-30是被推荐的常见温度下通用的发动机润滑油，当作业所在地区的平均温度在图2-41所示的范围内可使用其他黏度的润滑油。

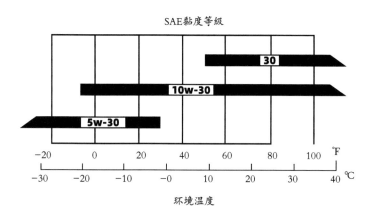

图2-41 不同环境温度的润滑油使用对照

确保汽油机水泵处于水平位置。卸下机油尺，擦清上面的机油（图2-42）。把机油尺插入加油口，但不要拧旋它（图2-43）。如果油位过低，再加入推荐使用的机油直至加油口。装回机油尺。

油位低时运行汽油机水泵会造成发动机损坏。

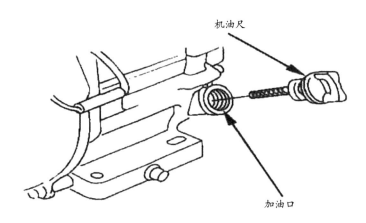

图2-42 卸下机油尺

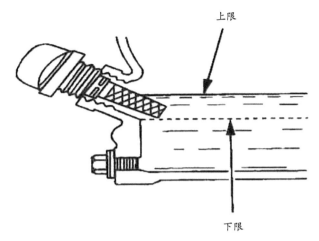

图2-43 插入机油尺

②燃油：卸下油箱盖，加入92#或更高的无铅汽油。加燃油时，油位不要超过滤网顶部（表2-10）。

表2-10　油箱容积表

油箱容积	燃油容量（升）
匹配动力为173F/P、177F/P	6.0
匹配动力为168F/P、170F/P	3.6
匹配动力为152F/P	1.4

汽油非常易燃，在某种条件下它会爆炸。应在通风良好的地方加油，加油时汽油机水泵要停止运转。在加油地不能抽烟，储存汽油地严禁明火及火花。油箱不要加得过满（加油口颈部应无燃油）。加完油后，检查油箱盖是否盖好。加油时当心不要让燃油溢溅出，溢溅出的燃油或汽油挥发气体可能会燃烧。如果有燃油溢溅出，在启动前要确保该地方已挥发干了。避免皮肤反复或长时间接触汽油，避免吸入汽油挥发气体。避免儿童接触。

燃油可能会损坏油漆和塑料。加油时，小心不要溢出（图2-44）。

使用无铅汽油可减少发动机和火花塞的积碳，并延长排放系统的寿命。决不要使用陈旧或已污染的汽油，或者润滑油与汽油混合物，避免尘土、垃圾和水掉进燃油箱内。当汽油机水泵运行时，发动机运转在稳定的转速时有撞击声或发爆声产生，请更换汽油的标号或品牌。如果撞击声或发爆声继续存在，请与特约服务店联系。运行时有持续撞击声或发爆声会损坏发动机。

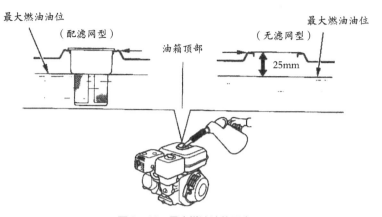

图2-44 最大燃油油位示意

③空气滤清器：绝对不能在无空气滤清器时运转汽油机水泵，否则会加速发动机的磨损。检查滤芯，确保其干净、完好。如有必要，进行清洗或更换（图2-45、图2-46）。

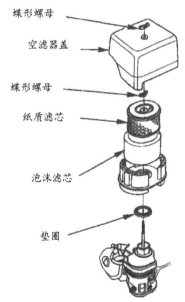

图2-45 标准双滤芯型空气滤清器

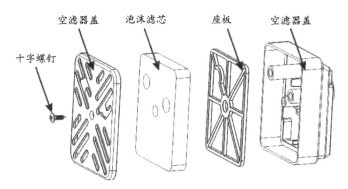

图2-46 单滤芯式空气滤清器

④连接进水管：在抽水之前，把过滤器安装在进水管尾端（图2-47）。过滤器可以滤掉水中可能引起堵塞和叶轮损伤的杂物。紧固好管接头和管箍（图2-48），以免漏气和降低吸引力。进水管松动将降低水泵的性能和自吸能力。

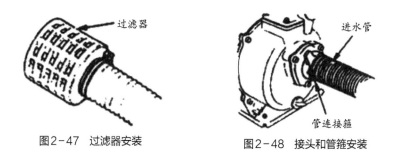

图2-47 过滤器安装　　图2-48 接头和管箍安装

⑤连接出水管：将出水管一端装在水泵的出水管接头上，用管箍箍紧（图2-49），再把出水管接头、锁紧螺母与泵体连接，旋紧锁紧螺母。紧固好管箍，以免在高压下出水管松开。

⑥检查水泵：检查水泵是否加入引水。水泵在工作前必须在水泵内加满引水。在没有加水时，不要运行水泵，否则水泵会过热，长时间的无水运行会损坏水泵密封。

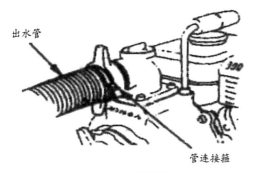

图2-49 管箍安装

（3）操作。

①启动操作：把油门开关开到ON（开）位置（图2-50）。把阻风门手柄拨到CLOSE（关）位置（图2-51）。如果发动机是热的或气温较高，不需要关闭阻风门。把节气门手柄朝左略移动1/3位置处（图2-52）。把发动机开关扳到ON（开）位置（图2-53）。轻轻地拉启动手柄至有阻力感，然后用力快速一拉（图2-54）。注意不要突然放开手柄，以避免其弹回而撞击发动机。应慢慢顺着启动器拉绳的回弹力方向放回手柄。

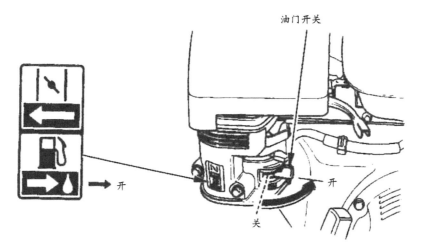

图2-50 打开油门开关

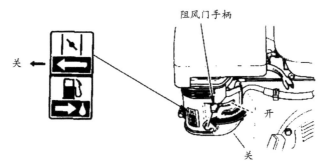

图2-51 关闭阻风门

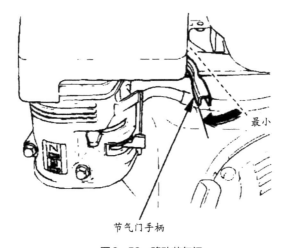

图2-52 移动节气门

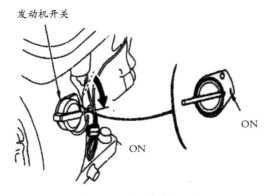

图2-53 打开发动机开关

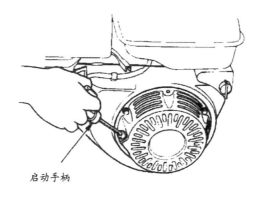

图2-54 启动手柄

②运行操作：在发动机预热时，逐渐把阻风门手柄移动到OPEN(开)位置(图2-55)。把节气门手柄置于发动机所要转速的位置(图2-56)。

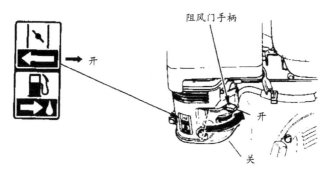

图2-55 移动阻风门手柄

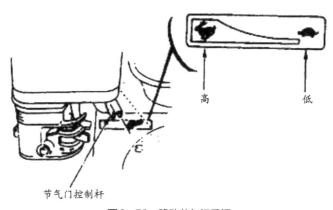

图2-56 移动节气门手柄

设计润滑油报警系统是用来防止由于曲轴箱内润滑油不足而造成发动机损坏。当曲轴箱内润滑油油位低于安全线时，报警系统自动关停发动机，此时发动机开关仍在ON(开)的位置。如果发动机停下后不能再启动，在检查其他问题前，先检查发动机油位(图2-57)。

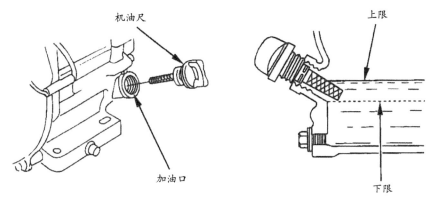

图2-57 检查油位

③停机操作：在紧急情况下停机，把发动机开关扳到OFF(关)的位置即可。在通常情况下，请采用下面步骤：首先把节气门手柄向右移到底(图2-58)。接着把发动机开关扳到OFF(关)位置(图2-59)。最后把油开关扳到OFF(关)位置(图2-60)。

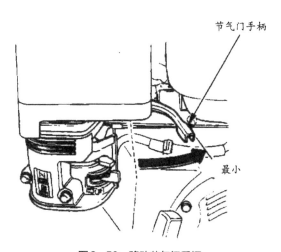

图2-58 移动节气门手柄

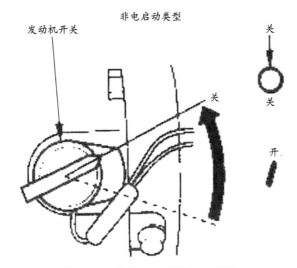

图2-59　发动机开关扳到OFF位置

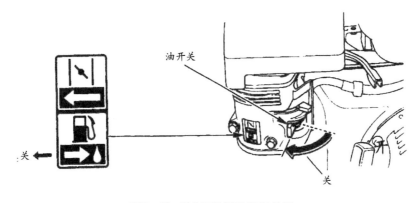

图2-60　油门开关扳到OFF位置

（4）日常保养。

①保养周期：要保持汽油机水泵处于良好性能，必须定期进行保养和调整。保养按保养周期表（表2-11）进行。在进行任何保养时先关掉汽油机，使汽油机水泵停止运转。如果汽油机水泵处于运转，可能会对人体造成机械伤害，并且汽油机排出的废气含有有毒的一氧化碳气体，人吸入会引起休克甚至死亡，请保持通风良好。

使用生产厂家提供的正品零件，如果使用质量差的替代品零件会损坏汽油机水泵。

表2-11 保养周期表

项目		保养周期				
		每次使用	第一个月或20小时	每季或50小时	每6个月或100小时	每年或300小时
发动机润滑油	检查油位	○				
	更换		○		○	
空气滤清器	检查	○				
	清洁			○(a)	○(a)	
	更换					○*
沉淀杯	清洁				○	
火花塞	清洁-调整				○	
	更换					○
怠速	检查-调整					○(b)
气门间隙	检查-调整					○(b)
燃烧室	清洁	每500小时后(b)				
燃油箱和燃油过滤器	清洁					○(b)
燃油管	检查	每两年(必要时更换)(b)				

注：○：保养事项。
＊：只对纸质滤芯型更换。
a. 如在多尘地方使用，增加保养频次。
b. 除非用户有适当的工具以及机修能力，否则这些项目应该由特约服务店来保养。

②保养维护：

1）更换润滑油：在汽油机水泵尚热时进行放油，以保证放油迅速、彻底。首先拧下机油尺和放油螺栓，把润滑油排放掉。装回放油螺栓，并拧紧。接着重新加入推荐的润滑油，检查油位（表2-12）。最后装上机油尺（图2-61）。

表2-12 汽油机水泵润滑油容量

汽油机水泵	润滑油容量（升）
匹配动力为168F/P、170F/P	0.6
匹配动力为152F/P	0.45
匹配动力为173F/P、188F/P、190F/P	1.1

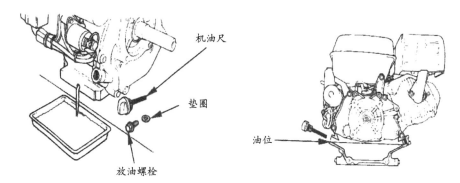

图2-61 更换润滑油示意

2）空气滤清器保养：一个脏的空气滤清器会限制空气进入化油器，为防止化油器出故障，必须定期保养空气滤清器。如果发动机在多尘地方运转，则保养应更勤。注意无滤芯的情况下决不能运转汽油机水泵，否则尘土之类的脏物会被吸入化油器而进入发动机，导致发动机快速磨损。

双滤芯型空气滤清器保养：首先卸下碟形螺母和空滤器盖，取出滤芯并把它们分开，仔细检查两个滤芯是否有洞或撕裂的地方。如有损坏，换新的。接着，泡沫滤芯用家用洗涤剂溶液和温水进行清洗，然后彻底漂净。或者用不易燃溶剂清洗。也可用高燃点溶剂进行清洗，洗后让滤芯干透。使滤芯浸透清洁的发动机润滑油，再把多余的油挤掉，否则汽油机水泵在刚启动阶段会冒烟。最后，纸质滤芯在硬平面上轻轻敲打滤芯，以去掉上面堆积的尘土，或者用高压气流从里向外吹。决不要用刷子来刷去尘土，因为刷子会把尘土挤压进纤维中。如果滤芯非常脏就换新的。

单滤芯式空气滤清器保养：首先卸下十字螺钉和空滤器盖，取出滤芯。接着用家用洗涤剂溶液和温水清洗滤芯，漂净干透。或者用高燃点溶剂进行清洗，洗后让滤芯干透。最后装回滤芯和空滤器盖。

3）沉淀杯清洗：把油开关关掉（OFF），卸下沉淀杯和O型密封圈，在不易燃或高燃点的溶剂内清洗，彻底干燥后装回。把油开关打开（ON），然后检查有无渗漏（图2-62）。

4）火花塞保养：为保证汽油机水泵正常运转，火花塞的间隙必须正确，并且无沉淀物。

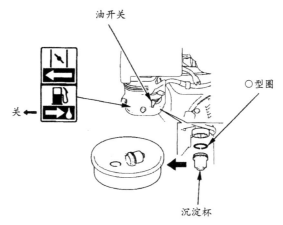

图2-62 沉淀杯清洗示意

火花塞保养步骤：拔掉火花塞帽；清洁火花塞底座周围的脏物；用火花塞专用套筒扳手拆下火花塞（图2-63）；目视检查火花塞。如果绝缘体有裂缝或缺损，更换新的。火花塞如需再用，可用钢丝刷清洁；用厚薄规测量火花塞的间隙，如果需要调整，可通过弯曲侧电极进行调整，正确间隙应是0.70~0.80毫米（图2-64）；检查火花塞垫圈是否良好。为了防止螺纹错位，用手把火花塞旋入；火花塞旋到底后，用专用套筒扳手把它拧紧，压紧垫圈。如果是安装新火花塞，在压紧垫圈后多拧1/2圈。如果是重新安装用过的火花塞，在压紧垫圈后多拧1/8~1/4圈。

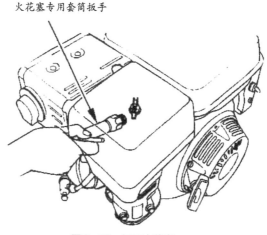

图2-63 拆下火花塞

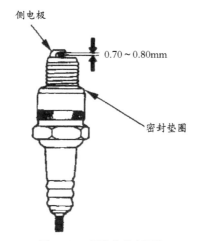

图2-64 调整火花塞间隙

注意火花塞必须拧紧,拧紧不当的火花塞可能会极度发烫并损坏发动机。

5)怠速调整:首先启动汽油机水泵,热机至正常工作温度。接着将节气门手柄移至最小位置。最后旋转节气门止动螺钉(图2-65),获得标准怠速。

③运输储存:为了防止烫伤或火灾,搬运或储存进室内前,先让汽油机水泵冷却。当搬运汽油机水泵时,把油开关移至OFF(关)位置。保证汽油机水泵水平以防止燃油溢出。燃油挥发或外溢可引起火灾。

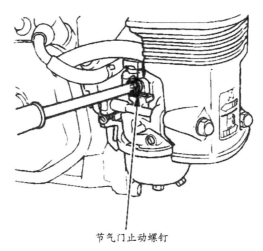

图2-65 旋转节气门止动螺钉

需长时间储存汽油机水泵应做的准备工作：确保存放地点不是高度潮湿和充满尘土。清洁水泵内部。按表2-13要求进行保养。

表2-13 汽油机水泵储存保养要求

储存时间	为防止启动困难，建议保养的程序
少于一个月	不需要作准备
一至二个月	加入新鲜汽油
二个月至一年	加入新鲜汽油；放掉化油器杯内的汽油；放掉沉淀杯内的汽油
一年以上	加入新鲜汽油；放掉化油器杯内的汽油；放掉沉淀杯内的汽油 搬出储存室后，先把储存的汽油放到合适的容器内，加入新鲜汽油后再启动

放掉化油器内的燃油操作步骤：在关掉油开关后，卸下沉淀杯，倒净杯内的燃油。重新装回沉淀杯并把它拧紧。松开放油螺栓，放掉化油器内的燃油。把燃油排放到适当的容器内，拧紧放油螺栓（图2-66）。

再次使用时，更换汽油机水泵润滑油。卸下火花塞，朝缸体内注入一小匙干净润滑油。转几圈发动机使油分布开，然后装回火花塞。慢慢拉启动手柄，直至感觉有阻力，让进、排气门关闭，这有助于防止发动机内部锈蚀。

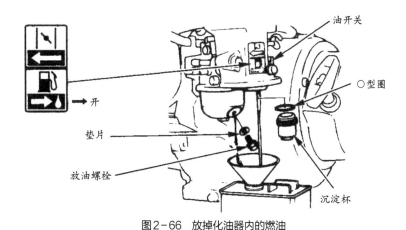

图2-66 放掉化油器内的燃油

（5）常见故障处理。

①汽油机不启动：

检查操控装置放置状态：

◎油门开关置于关闭状态。处理方法：将油门开关置于开启状态。

◎阻风门手柄置于开状态。处理方法：将阻风门手柄拨到"关"位置。

◎汽油机开关置于关状态。处理方法：将汽油机开关置于开状态。

检查机油油位：

◎机油位低。处理方法：添加推荐机油至适当油位。

检查燃油：

◎燃油用完。处理方法：加燃油。

◎燃油变质：储存时燃油未放或所加燃油变质。处理方法：放完油箱和化油器中的燃油，加入新鲜燃油。

◎燃油未到达化油器。处理方法：松开化油器放油螺栓，并把油开关置于开状态，看是否有燃油流出。

火花塞拆卸检查：

◎火花塞坏、脏、间歇不当。处理方法：调整间歇、清洗或更换火花塞。

◎火花塞湖湿（燃油进入过多）。处理方法：将火花塞弄干装上，节气门置于最大开度再启动。

◎火花塞无火。处理方法：拔下火花塞帽，清除里面的尘土，再卸下火花塞，把火花塞帽装回火花塞上，打开发动机开关，将火花塞接地，拉启动器，观察是否有火花在缝隙间产生。

机器送特约维修点：

◎燃油滤清器堵塞、化油器故障、点火系统故障、气门黏滞等。处理方法：根据需要对故障件进行维修或更换。

②水泵抽不出水：

检查引水：

◎无足够的引水。处理方法：打开水泵顶端的注水口盖，加满引水。

检查底阀：

◎底阀堵塞。处理方法：清理底阀上的杂物。

检查进水管：

◎进水管与水泵进口连接处漏气。处理方法：紧固管箍。

◎进水管管子破损、漏气。处理方法：更换进水管。

◎进水管太软，被吸瘪了。处理方法：推荐进水管选用钢丝软管。

抽水扬程：

◎扬程太高，超过水泵额定扬程。处理方法：在水泵额定扬程范围内使用。

检查叶轮：

◎叶轮损坏或堵塞。处理方法：更换叶轮；清理堵塞叶轮的杂物。

机器送特约维修点：

◎水封损坏、水泵有砂眼漏气、水泵进水口单向阀损坏等。处理方法：根据需要对故障件进行维修或更换。

（6）安全防范。在操作发动机前，请仔细阅读并理解使用说明书。了解如何快速关停汽油机水泵，以及所有控制部件的操作，决不允许未受过训练的人员来操作汽油机水泵。儿童和宠物必须远离操作区域，防止被汽油机水泵部件烫伤或者被运转设备伤害。

每次启动汽油机水泵前，一定要做运转前的检查。以避免发生人员意外和设备损坏。为防止火灾发生，必须保证通风良好，在操作时要使汽油机水泵离建筑物和其他设备至少1米距离，不要把易燃物品放在汽油机水泵旁。也不要把易燃物，如汽油、火柴等靠近正在运转的汽油机水泵。

要在通风良好的地方加燃油，加油时汽油机水泵要停止运转。汽油高度易燃，在某种条件下会发生爆炸。油箱不要加得过满，加油口的颈部不应有燃油。油箱盖要确保盖紧。如果有燃油溢溅，须彻底清除并等它们挥发掉后才启动汽油机水泵。

在汽油机水泵加燃油的地方或燃油储存地，不能抽烟或有明火和火花。汽油机水泵排出的废气含有一氧化碳，避免人员吸入。决不能在封闭的室内或通风不良的地方使用汽油机水泵。把汽油机水泵放在稳定的表面上操作。汽油机水泵倾斜不能超过水平面20°，不然可能会引起燃油外溢。不要在汽油机水泵上面覆盖任何东西，防止引发火灾。

在汽油机水泵运转时，消声器是非常烫的，停机后热量还会保持一段时间。当消声器还是热的时候，不要碰它。为了避免烫伤或火灾发生，让汽油机水泵冷却后才能搬运或放入室内。

2. 单级单吸管道离心泵

单级单吸管道离心泵为立式结构，进出口口径相同，且位于同一中心线上，可像阀门一样安装于管路之中，外形紧凑美观，占地面积小。叶轮直接安在电机的加长轴上，轴向尺寸短，结构紧凑，泵与电机轴承配置合理，能有效地平衡泵运转产生的径向和轴向负荷，从而保证了泵的运行平稳，振动噪声很低。轴封采用机械密封或机械密封组合，采用进口钛合金密封环、中型耐高温机械密封和采用硬质合金材质,耐磨密封,能有效地增长机械密封的使用寿命。安装检修方便,无须拆动管路系统,只要卸下泵联体座螺母即可抽出全部转子部件。可根据使用要求,即流量和扬程的需要采用泵的串、并联运行方式。可根据管路布置的要求采用泵的竖式和横式安装。

以浙江乾元泵业有限公司生产的ISG50-160A普通型水泵为例。

(1)主要技术参数及结构。

①主要技术参数:外形尺寸320毫米×300毫米×515毫米;安装尺寸80毫米×135毫米;流量每小时11.7立方米,扬程3.25米,转速每分钟2900转,电机功率2.2千瓦,重量51千克。

②结构:ISG50-160(Ⅰ)A普通型水泵由取压塞、排气阀、叶轮、电机、联体座、放水阀等组成(图2-67)。泵与电机同端盖,轴向尺寸缩短,结构简单。泵体上设有取压孔和放水孔。泵体上设有排气阀,工作前能排放泵内空气。泵体底部设有安装底板和螺丝孔,保证整体机组安装稳固。

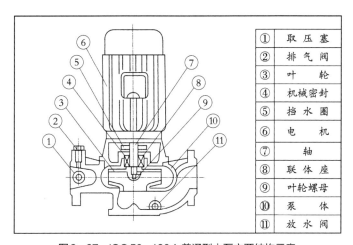

图2-67 ISG50-160A普通型水泵主要结构示意

(2)安装。安装前应检查机组紧固件有无松动现象,泵体流道有无异物堵塞,以免水泵运行时损坏叶轮和泵体。安装时管道重量不应加在水泵上,以免使泵变形。安装时必须拧紧地脚螺栓,以免启动时振动对泵性能的影响。为了维修方便和使用安全,在泵的进出口管路上各安装一只调节阀及在泵出口附近安装一只压力表,以保证在额定扬程和流量范围内运行,确保泵正常运行,增长水泵的使用寿命。安装后拨动泵轴,叶轮应无摩擦声或卡死现象,否则应将泵拆开检查原因。

单级单吸离心泵连接方式分硬性连接安装和柔性连接安装两种(图2-68、图2-69)。

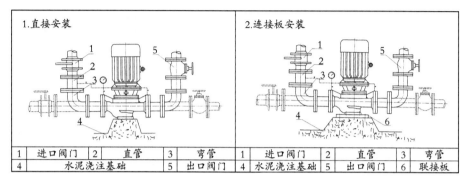

图2-68 硬性连接安装方式

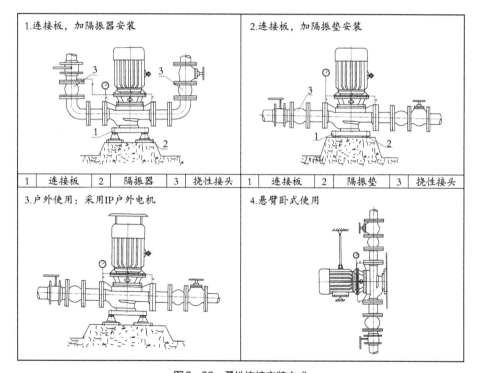

图2-69 柔性连接安装方式

单级单吸离心泵安装方式分横式抽送水用和竖式抽送水用两种(图2-70、图2-71)。

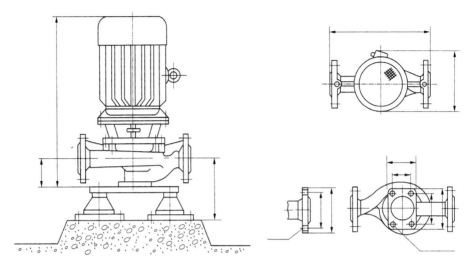

图2-70 横式抽送水用安装方式

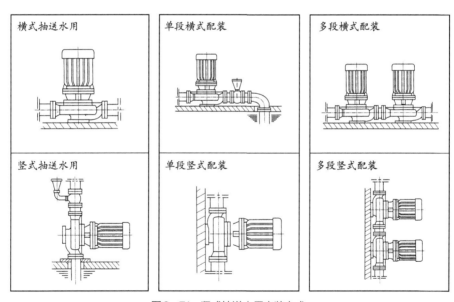

图2-71 竖式抽送水用安装方式

（3）启动。

①启动前准备：试验电机转向是否正确，从电机顶部往泵看为顺时针旋转，试验时间要短，以免使机械密封干磨损。打开排气阀使液体充满整个泵体，待满后关闭排气阀。检查各部位是否正常。用手盘动泵以使润滑液进入

机械密封端面。高温型应先进行预热，升温速度50℃/小时，以保证各部受热均匀。

②启动：全开进口阀门。关闭吐出管路阀门。启动电机，观察泵运行是否正确。调节出口阀开度以所需工况，如在泵出口处装有流量表或压力表，应通过调节出口阀门开度使泵在性能参数表所列的额定点上运转，测量泵的电机电流，使电机在额定电流内运行，否则将造成泵超负荷运行（即大电流运行）致使电机烧坏。调整好的出口阀门开启大与小和管道工况有关。检查轴封泄漏情况，正常时机械密封泄漏应小于3滴/分。检查电机、轴承处温升≤70℃。

③停车：高温型先降温，降温速度＜10℃/分，把温度降低到80℃以下才能停车。关闭吐出管路阀门。停止电机。关闭进口阀门。如长期停车，应将泵内液体放尽。

（4）日常维护。

①运行中的维护：进口管道必须充满液体，禁止泵在汽蚀状态下长期运行。定时检查电机电流值，不得超过电机额定电流。泵进行长期运行后，由于机械磨损，使机组噪声及振动增大时，应停车检查，必要时可更换易损零件及轴承，机组大修期一般为一年。

②机械密封维护：机械密封润滑应清洁无固体颗粒。严禁机械密封在干磨情况下工作。启动前应先用手盘动泵（电机）几圈，以免突然启动造成石墨环断裂损坏。密封泄漏量允差3滴/分，否则应检查。

（5）常见故障处理。

①水泵不出水：

◎进出口阀门未打开，进出管路阻塞，流道叶轮阻塞。处理方法：检查，去除阻塞物。

◎电机运行方向不对，电机缺相转速很慢。处理方法：调整电机方向，紧固电机接线。

◎吸入管漏气。处理方法：拧紧各密封面，排除空气。

◎泵未灌满液体，泵腔内有空气。处理方法：打开泵上盖或打开排气阀，排尽空气。

◎进口供水不足，吸程过高，底阀漏。处理方法：停机检查、调整（并网自来水管和带水吸程使用易出现此现象）。

◎管路阻力过大，泵选型不当。处理方法：减少管路弯道，重新选泵。

②水泵流量不足：
◎先按①原因检查。处理方法：先按①排除。
◎管道、泵流道叶轮部分阻塞，水垢沉积，阀门开度不足。处理方法：去除阻塞物，重新调整阀门开度。
◎电压偏低。处理方法：稳压。
◎叶轮磨损。处理方法：更新叶轮。
③功率过大：
◎超过额定流量使用。处理方法：调节流量关小出口阀门。
◎吸程过高。处理方法：降低吸程。
◎泵轴承磨损。处理方法：更换轴承。
④杂音振动：
◎管路支撑不稳。处理方法：稳固管路。
◎液体混有气体。处理方法：提高吸入压力排气。
◎产生汽蚀。处理方法：降低真空度。
◎轴承损坏。处理方法：更换轴承。
⑤电机发热：
◎流量过大，超载运行。处理方法：关小出口阀。
◎碰擦。处理方法：检查排除。
◎电机轴承损坏。处理方法：更换轴承。
◎电压不足。处理方法：稳压。
⑥水泵漏水：
◎机械密封磨损。处理方法：更换。
◎泵体有砂孔或破裂。处理方法：焊补或更换。
◎密封面不平整。处理方法：修整。
◎安装螺栓松懈。处理方法：紧固。

（五）修剪机械

茶树修剪机是茶园管理专用作业机械，用于茶树的轻修剪、定型修剪、深修剪、重修剪、台刈等作业场合。以往茶树修剪多是用修枝剪刀进行手工修剪，费时费力，作业质量较差。对于机械化茶园来说，要保证树冠整齐，形成理想的茶树采摘面,实现机械化采茶,就必须采用机械化修剪作业。

1. 单人修剪机

单人修剪机由1人操作使用,机器轻便,操作灵活,适用于茶树定型修剪、轻修剪、深修剪、重修剪和修边作业。单人修剪机进行茶树修剪或修边作业,可根据茶树蓬面形状和修剪程度要求灵活掌握,作蓬面修剪时,左手握汽油机侧把手,右手握刀杆把手,作修边时,两手分握汽油机侧面的两把手,刀片呈直立,稍向内倾斜,切割茶树侧枝,使茶树行间行成20厘米左右的通道。

以浙江川崎茶业机械有限公司的 PST 75 H 单人修剪机为例。

(1)主要技术参数及结构。

①主要技术参数:结构型式为单人手提式,离合器型式为离心式。外形尺寸为1 020毫米×310毫米×250毫米;割幅宽度750毫米,结构质量5.5千克;传动方式为齿轮传动,传动比4.214;汽油机排量为24.5毫升,最大功率0.8千瓦,额定转速7 000转/分,油箱容积0.6升。

②主要结构:PST 75 H 单人修剪机主要由副板、刀片、右手把、压刃片、油门开关、左手把、汽油机和齿轮箱组成(图2-72)。

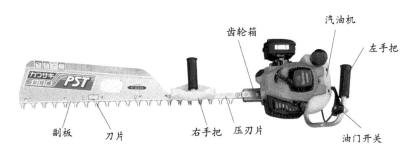

图2-72 单人修剪机结构示意

(2)修剪作业要领。

①作业前注意事项:为保证机器作业顺利,每次作业前都要进行检查。作业前主要检查:外观如有磨损、松弛,需要加固,或更换部件;紧固件类如有脱落,需要加固,或更换部件;齿轮箱黄油一般每20~30小时应补充一次。刀片如有裂开、变形,刀刃变钝,需更换部件;刀片如无注润滑油,需要注油。空气滤清器如有污染,需要清洗。油箱如无燃料、油箱盖如有松

弛，需要补油、拧紧。油门开关操作如不顺畅，需要调整或更换部件。汽油机开关的停止、启动如不良好，需要更换部件。刀片间隙如不符规定，需调整刀片间隙。手把如有松动，需紧固手把。

②汽油机的启动与停车：启动前先按几次手油泵，燃料流入汽化器，使空气排出，再把油门打开1/3~1/2。把电路开关置于"ON"侧，适当关闭阻风门。左手掌按压在启动器上，先慢慢拉动启动绳，等感到有重感时再快速拉动启动绳，只需拉出60厘米左右长度，拉得过长、过猛会损坏启动器。启动后，全开阻风门，然后加大油门，投入正常工作。停车时，先将油门开关置于低速位置，然后将电路开关置于"OFF"侧，使汽油机停止转动。

③现场修剪：取下刀片护套，在刀片上注滑油，以减少刀片磨损。按照启动程序启动汽油机后，将油门开关慢慢地从"低速"位置推到"高速"位置，刀片开始快速往复运动。适当控制修剪机的前进速度，当汽油机的工作转速在6 000~7 000转/分时，机器的行进速度保持在每秒0.5米左右，这样能得到良好的修剪质量。工作中换行或暂停修剪时，务请关小油门，使刀片停止运动，同时亦可节省燃料。

④刀片间隙调整：机器使用一段时间后，由于磨损等原因，刀片间隙会发生变化，必须进行调整。除去压刀片及刀片上的茶浆及污物后，按下列步骤进行：拧松调整螺钉上的自锁螺母。用扳手固定自锁螺母，把调整螺钉充分拧紧后再退回3/8圈，使刀片有一定的运动间隙。固定刀片调整螺钉，同时拧紧自锁螺母，此时刀片调整垫片应能灵活移动。上述调整结束后，启动汽油机，高速运转3~5分钟，检查刀片运动是否正常。然后关停汽油机，用手接触刀片调整螺钉的顶部，检查有否发热，如感烫手的，应将该螺钉适当放松。

⑤使用时的注意事项：经常检查各部件的固定螺钉和螺母有否松动。所有燃料必须是92号或以上车用汽油与二冲程专用机油（JASO FD级）的混合油。为延长汽油机的使用寿命，汽油和机油的混合必须正确，使用容积比为50∶1。变质燃料、错误比率燃料禁止使用，否则，不能保证作业的正常进行。汽油机不能在高速运转时突然停车，以防损坏机件。汽油机的怠速为2 300~2 700转/分，不要任意调整。刀片每运转1~2小时，用HG10号机油润滑一次。每使用20~30小时，给齿轮箱加注ZFG2复合钙基润滑脂一次。汽油机在运转时，不要触摸火花塞。修剪时最大剪枝直径应不超过10毫米。修剪中如剪到较粗的树枝或异物，感到机器的声音异常、振动越来

越大时，必须先关停汽油机，将油门开关回到"全闭"位置，再按停止开关，绝对不能在汽油机运转时排除异物。确认汽油机停止后，移到安全场所，排除异物，对各部分进行检修，以免发生事故。如果在汽油机运动时排除异物，非常危险。

（3）日常保养。

①一般保养：齿轮箱每工作20~30小时，注入黄油；空气过滤海绵每工作20小时，用纯汽油清洁并晾干；火花塞每工作100小时后清除积炭；燃油过滤器每3个月更换一次；刀片磨损时，刀锋变钝，请修磨刀刃，如刀片断裂，请更换。

②机器不用时的保养：作业后取下刀盖，擦干附在刀片上的泥、草，注入润滑油，最后套上刀盖。刀片间隙过大会导致剪枝能力低下，过小会增大摩擦阻力，按刀片间隙调整的要求进行调整。对各部分进行检修，根据需要进行调整。长时间不用时：不良部位应修理。机器需长期保管时，待汽油机冷却后，倒出燃料，再将油箱内的过滤器拉出，按几次手油泵，让管内残余燃油流回油箱，最后吸出油箱内所有燃料。取下火花塞，在孔内滴数滴机油，轻拉启动器，使汽缸内涂上机油后，装上火花塞。擦掉外部脏物，放置在干燥安全的地方。

（4）常见故障处理。

①不能启动：

火花塞在点火时没有火花：

◎火花塞电极受潮。处理方法：干燥。

◎火花塞电极积炭。处理方法：清除。

◎火花塞电极的绝缘体龟裂及绝缘龟不良。处理方法：调换。

◎火花塞电极间隙过小或过大。处理方法：调整。

◎火花塞电极烧损。处理方法：调换。

火花塞在点火时有火花：

压缩良好：

◎燃料过浓。处理方法：减少供油。

◎不良燃料的使用。处理方法：调换。

燃料有，压缩不良：

◎汽缸、活塞、活塞环磨损严重。处理方法：调换。

汽化器：

◎没有燃料。处理方法：补充。

◎量孔堵塞。处理方法：清除堵塞物。

◎滤清器堵塞。处理方法：清理。

不供燃料：

◎进气管、汽化器等紧固件松动。处理方法：坚固。

②停车困难：

汽油机本身：

◎汽缸活塞过热，在内部自然发火。处理方法：清除汽缸和活塞的积炭。

其他：

◎火花塞顶端红热。处理方法：清理电极，调整间隙（0.6~0.7毫米）。

◎连接线脱落。处理方法：插入。

③动力不足：

◎空气滤清器污染。处理方法：清洗或更换。

◎排气口或消音器积炭过多。处理方法：清除。

（5）安全防范。使用本机前务必阅读使用说明书以及汽油机使用说明书，按说明书提供的方法使用、维护、保养机器，以免发生安全事故。

①操作人员要求：操作者必须身体健康、精神状态良好，凡属精神病患者、醉酒的人、无操作知识的人、未成年人或老人、妇女怀孕或经期、劳累过度或没休息好的人、有病正在吃药不能正常工作的人员不能操作使用修剪机。

②操作服装要求：操作人员应穿长袖衣裤，但避免穿宽袖口、裤口的衣服；戴有沿的帽和保护镜；检查和保养时戴上手套操作；穿防滑的鞋子。

③严禁烟火：燃料的放置请注意防火安全，严禁放置在易起火的场所。在汽油机发动着或补充燃料时严禁吸烟。在补充燃料时，应停止汽油机，充分冷却后再进行。另外，在补充燃料时机器万一倒翻或燃料飞溅到机体上时，用干布擦干机体上的燃料。加油时要先停止发动机，以免发动机高温引燃汽油，导致火灾事故。

2. 双人修剪机

双人修剪机进行茶树修剪作业，由2人手抬跨行作业，操作者分别行走在修剪茶行相邻的两个行间内，一般把远离动力机一端的操作者称为主机手,发动机一端的操作者为副机手,在进行茶树的定型修剪作业时,每行茶树一个行程即可完成;而在修剪成龄茶树时,因篷面较宽,往往需要一个往返即两个行程才能把一行茶树剪完,一般先从主机手这一边剪起,用双人修剪机进行茶树修剪,在确定修剪高度后,操作者应将操作把手调节到自己最省力的角度。作业时,主机手倒退行走,并观察和掌握修剪位置和深度,副机手则前进行走,与主机手滞后40~50厘米,使机器刀片与茶行呈约60°的夹角。

以浙江川崎茶业机械有限公司的SM110H双人修剪机为例。

(1)主要技术参数及结构。

①主要技术参数:结构型式为双人抬式,离合器型式为离心式。外形尺寸为1490毫米×550毫米×300毫米;割幅宽度1100毫米,结构质量14.5千克;传动方式为齿轮传动,传动比4.071;汽油机排量为32.6毫升,最大功率1.2千瓦,额定转速7000转/分,油箱容积0.95升。

②主要结构:SM110H双人修剪机主要由油门开关、滑动螺母、操作开关、汽油机、风机、齿轮箱、刀片、机架、导叶板、E侧手把和割侧手把(图2-73)。

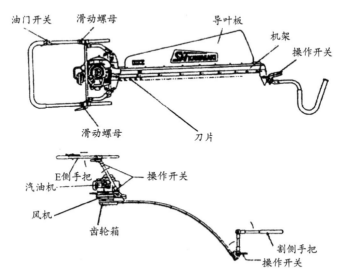

图2-73 双人修剪机结构示意

(2)修剪作业要领。

①作业前注意事项:作业前主要检查:外观如有磨损、松弛,需要加

固；紧固件类如有脱落，需更换部件；齿轮箱黄油一般应每20～30小时补充一次。刀片如有裂开、变形、变圆，需更换部件；刀片如未注润滑油，需注油。空气滤清器如有污染，需要清洗。油箱如无燃料、油箱盖松弛，需补油、拧紧。油门开关操作如不顺畅，需调整或更换部件。汽油机开关的停止、启动不良，需要更换部件。刀片间隙如不符规定，需调整间隙。手把如有松动，需紧固手把。

②现场修剪：各装置作用和调整方法：

油门开关：调整汽油机的转速，将油门开关慢慢地从低速位置移动到高速位置，汽油机转速上升，飞块由于离心力的作用带动离合器从动盘，刀片开始运动。

操作开关：用于E侧手把、割侧手把的角度调整，将装在操作轴上的开关向A方向拉，菊座松弛，将手把调整到适合作业姿势的位置时，把开关向B方向拉，此时手把锁紧，调整结束(图2-74)。

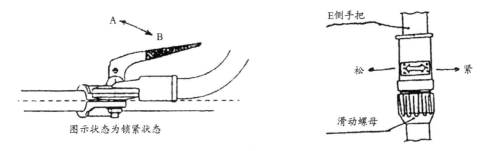

图2-74 操作开关调整

滑动螺母：用于调整E侧手把的伸缩。将螺母向逆时针方向转1/4圈左右，手把伸缩，调整到容易作业的位置，调整好后，务必按顺时针方向将滑动螺母锁紧。由于采用了快速偏心锁紧装置，所以当手把套入后，滑动螺母的总活动量不超过1/2圈，请不要过多转动，以免损坏螺纹。

汽油机的启动：将汽油机停车开关置于"ON"侧，按动3～4次油箱泵，见到燃料从油管溢出。将风门开关置于全关位置("E"标志侧)。油门开关置于低速和高速位置的中间。按住汽油机，握住启动器拉手，拉动启动绳，使汽油机开始运转，慢慢将风门开关置于全开位置("三"标志侧)。

停止方法：将汽油机油门开关置于低速位置。再将停车开关置于"OFF"侧(图2-75)。

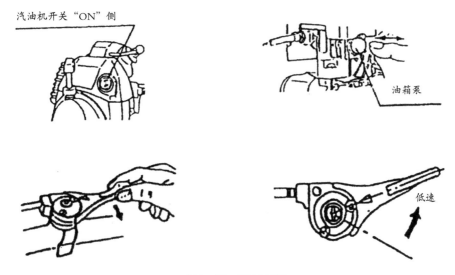

图2-75 汽油机启动

剪枝作业要领：将E侧把手、割侧把手调整到易于操作的位置。取下刀片护套，在刀片上注润滑油，可以降低刀片磨损。按照汽油机的启动程序，启动汽油机，作业人员分别扶持E侧把手、割侧把手。将油门开关慢慢从"低速"置于"高速"侧，刀片开始运动，汽油机下部的风机出风口，有风吹出，根据作业者的走速、风力、割迹等调整汽油机的转速，尽量减少油耗（图2-76）。

图2-76 剪枝作业

作业每1~2小时，给刀片注一次润滑油。转换修剪方向或换行时，必须将油门开关置于"低速"侧，刀片停止运动。修剪结束时，在停止汽油机运转后，装上刀片护套。

作业终了时，擦干附在刀片上的泥、草、茶浆等；注润滑油。进行各部件的检查，必要时要调整。搬运时固定好机器，以免碰伤或掉落。

③刀片间隙调整：一般在进行修剪15~20亩茶园后，刀片要进行初次间隙调整（但也要视具体使用情况）。刀片间隙调整方法：拧松调整螺钉上的自锁螺母。用扳手固定自锁螺母，把调整螺钉充分拧紧后再退回3/8圈，使刀片有一定的运动间隙。固定刀片调整螺钉，同时拧紧自锁螺母，此时刀片调整垫片应能灵活移动。

上述3项完成后，刀片调整滑块附在机架压刀片上，调整滑块的下方，出现了刀片调整的空隙。调整上、下刀片间隙时，上、下刀片的咬合位置如图2-77所示。

刀片调整后，检查能否移动刀片调整垫片，如有移动困难的和间隙较大的应作重新调整。上述调整结束后，启动汽油机，转动3~5分钟，检查刀片运动是否正常，然后停止汽油机，用手接触刀片调整螺钉的顶部，检查有否发热，如感烫手的，应将该螺钉重新适当放松。

④注意事项：启动时周围物体不要离得太近。拉动绳索时，人需站在远离刀刃的一侧。作业时，手握把手并采用手动自如的姿势；作业时，勿接近他人；雨天或地面较滑时，请特别注意安全操作；刀刃被枝条夹住时，请迅速停止汽油机，再取出异物；请勿倒退（走）作业；终止作业时，请停止汽油机，套上刀片护套；转移工作场所时，即使是短距离，也应停止汽油机，装上刀片护套。

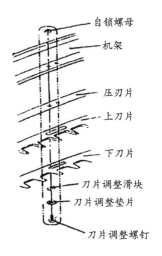

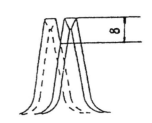

图2-77 刀片调整间隙时的位置

（3）日常保养。

①一般保养：严禁不懂修理的人拆、修。保养时发现有异常，请修复后使用。

②定期保养：在使用过程中必须进行定期保养。

检查项目：齿轮箱每20~30小时从黄油嘴处注黄油。检查油门线，机能确认，有不妥请调整、有破损请更换。空气过滤（海绵体）每运行20小时，用纯油清洁并晾干；火花塞每运行100小时清除积炭，必要时更换。油箱每3个月清扫，完全排出油箱内部燃料，确认无灰尘进入后进行。燃油过滤器每3个月更换一次，取出过滤器，更换新品。刀片刀刃变圆，刀片磨损时，请修磨刀刃；刀片或刀齿断裂，请更换。

③长时间不用时：不良部位应修理。机器长期保管时，待汽油机冷却后，放出燃料。将油箱内的过滤器拉到油箱外，按几次注油泵，让管内残余燃料回到油箱，吸出油箱内所有油。取下火花塞，在孔内滴数滴机油，轻拉启动器，让汽缸内涂上机油后，装上火花塞。擦掉外部脏物，在干燥地方保存。

（4）常见故障处理。

①不能启动：

火花塞在点火时没有火花：

◎火花塞电极受潮。处理方法：干燥。

◎火花塞电极积炭。处理方法：清除。

◎火花塞电极的绝缘体龟裂及绝缘龟不良。处理方法：调换。

◎火花塞电极间隙过小或过大。处理方法：调整。

◎火花塞电极烧损。处理方法：调换。

火花塞在点火时有火花：

压缩良好：

◎燃料过浓。处理方法：减少供油。

◎不良燃料的使用。处理方法：调换。

燃料有，压缩不良：

◎汽缸、活塞、活塞环磨损严重。处理方法：调换。

汽化器：

◎没有燃料。处理方法：补充。

◎量孔堵塞。处理方法：清除堵塞物。

◎滤清器堵塞。处理方法：清理。

不供燃料：

◎进气管、汽化器等紧固件松动。处理方法：坚固。

②停车困难：

汽油机本身：

◎汽缸活塞过热，在内部自然发火。处理方法：清除汽缸和活塞的积炭。

其他：

◎火花塞顶端红热。处理方法：清理电极，调整间隙（0.6~0.7毫米）。

◎连接线脱落。处理方法：插入。

③动力不足：

◎空气滤清器污染。处理方法：清洗或更换。

◎排气口或消音器积炭过多。处理方法：清除。

（5）安全防范。使用本机前务必阅读使用说明书以及汽油机使用说明书，按说明书提供的方法使用、维护、保养机器，以免发生安全事故。

①操作人员要求：操作者必须身体健康、精神状态良好，凡属精神病患者、醉酒的人、无操作知识的人、未成年人或老人、妇女怀孕或经期、劳累过度或没休息好的人、有病正在吃药不能正常工作的人员不能操作使用修剪机。

②操作服装要求：操作人员应穿长袖衣裤，但避免穿宽袖口、裤口的衣服；戴有沿的帽和保护镜；检查和保养时戴上手套操作；穿防滑的鞋子。

③严禁烟火：燃料的放置请注意防火安全，严禁放置在易起火的场所。在汽油机发动着或补充燃料时严禁吸烟。在补充燃料时，应停止汽油机，充分冷却后再进行。另外，在补充燃料时机器万一倒翻或燃料飞溅到机体上时，用干布擦干机体上的燃料。加油时要先停止发动机，以免发动机高温引燃汽油，导致火灾事故。

3.电动修剪机

电动修剪机是以电动马达为动力的修剪设备。其主要优点是使用方便，可以快速修剪，而且操作时不需要太大的力量。电动修剪机适用于修剪较大的树枝和灌木，特别是长时间修剪需要的场合。

以浙江恩加农林科技有限公司的3CXD-600电动修剪机为例。

（1）主要技术参数及结构。

①主要技术参数：产品类型为轻修剪机，结构形式为单人手提式，刀片形状平行，蓄电池类型为锂电池，蓄电池额定容量18.2安时，蓄电池额定电压36伏，直流电动机(额定)电压36伏，直流电动机(额定)转速5 500转／分，直流电动机(额定)功率0.6千瓦，传动方式齿轮传动，作业幅宽600毫米，切割器宽度600毫米，切割刀片长度770毫米。

②主要结构：3CXD-600电动修剪机主要由前后把手、开关机按钮、调速按钮、电源及速度指示灯、电机、控制器、齿轮箱、刀片、刀片防护罩、碎叶收集板和电源线组成(图2-78)。

（2）操作使用要领。

①操作前检查工作：检查各机械部件是否正常。检查各螺丝是否松动，

如松动需拧紧后才可使用。检查刀片上不能有杂物,可活动畅顺,刀片上没有润滑油时需加上低黏度的润滑油。

②操作指引:插入电源线:将电源线的插头对准"电池包"的插座插入到位,并且锁好螺母。注意插头的定位方向,不可强行插入,以免损坏插头。

"电池包"开机:将"电池包"的电源开关按一下(图2-79),电源指示灯

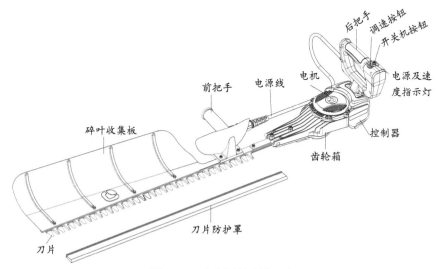

图2-78 电动修剪机结构示意

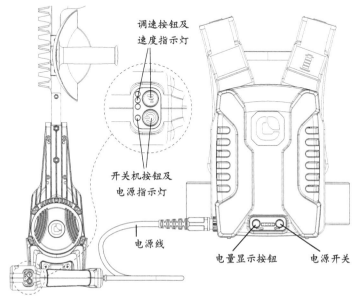

图2-79 电动修剪机操作示意

亮起（蓝光），此时"电池包"输出电压供给修剪机，再按一次电源开关可关闭"电池包"的输出电压。注意"电池包"设有安全保险，在没有电源连接线将"电池包"及修剪机连接时，按电源开关是打不开的，"电池包"也不会有电压输出。

启动修剪机至待机状态：打开"电池包"的电源后，背上"电池包"，调整好"电池包"的舒适位置，固定好绑带；右手握紧前提手，左手握紧后把手，用拇指按一下修剪机的开关机按钮，发出"滴"一声，同时电源指示灯亮起，修剪机电源已接通，处于待机的状态。

启动修剪机：待机状态下，按一下调速按钮，修剪机启动起来（有扳机的机型需再扳动扳机才能启动修剪机）。这时机器速度指示灯第一个灯亮起，机器以低速转动；再按一下调速按钮，机器速度指示灯第二个灯同时亮起，机器以中速转动；再按一下调速按钮，机器速度指示灯第三个灯同时亮起，机器以高速转动；再按一下调速按钮，机器回到低速转动，以此循环（以上每次按按钮时，都会有"滴"一声提示，表示正常进入下一个工作状态）。

关闭修剪机：在刀片任意速度状态下运转时，只要按一下修剪机的开关机按钮，刀片停止运转，速度指示灯熄灭，这时机器处于待机状态，再按一下开关机按钮，修剪机关机，电源指示灯熄灭。机器不管是在工作状态还是在待机状态下，只要轻按"电池包"的电源开关，都会将修剪机关机，把手上的指示灯熄灭；在待机的状态下，如果没有任何的操作1分钟后，修剪机也会自动关闭电源。

长时间不使用修剪机时，关闭"电池包"的电源开关，拔出电源线的插头，以免小孩或不熟悉机器的人引起误操作。并将刀片防护罩套好刀片，在环境干燥及安全的地方存放好。

③过流保护及过温保护的恢复：在使用过程中，如突然遇到超负荷时，过流保护电路会启动，修剪机立即停止运转，以防修剪机出现损坏。过流保护后，关闭一次修剪机的开关机按钮后，再开一次开关机按钮可恢复正常使用（如果是电池包出现过流保护，则需将电源线的插头拔掉后再插上，就可以恢复正常使用）。

修剪机在高温的环境中长时间使用后，机器控制系统及电机的温度会慢慢上升，当温度过高后，过温保护电路会启动，发出"滴…滴…"连续8声报警，修剪机立即停止运转，以防修剪机出现损坏。过温保护后，将修剪机放置在阴凉的地方，待温度下降后则可恢复正常的使用。

④使用注意事项：在使用过程中，刀片不要接触金属、石头等硬度大的物品，否则容易导致刀片缺口、断裂等不良后果。修剪机应避免在高空作业，确保安全。修剪机请勿修剪直径超过25毫米的树枝。

⑤操作示意图：具体操作方法见图2-80至图2-82。

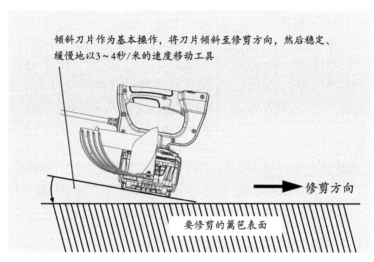

图2-80　修剪机修剪示意

图2-81　修剪机侧边修剪示意

图2-82 修剪机平面修剪示意

（3）电池包的充电。当"电池包"的电量用完或过低时，电量显示区只显示一个绿灯，且绿灯会高频率闪动，同时修剪机内会发出"滴…滴…"连续14声报警，3次循环响声，这时请停止工作，将"电池包"与修剪机断开连接（图2-83）。

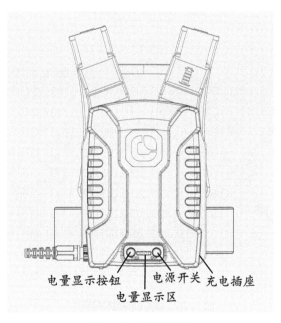

图2-83 电池包示意

用标配充电器的插头一端插入"电池包"的充电插座内,另一端插入市电插座内,对"电池包"进行充电,充电器上显示红灯,当充电器上的红灯转变成绿灯时,且按电量显示按键时电量显示区窗口的绿灯全亮,代表"电池包"已充满电,请将充电器插头从市电插座及"电池包"插座上拔出。

请勿对已充满电的电池组重新充电。过度充电将缩短电池的使用寿命。请在4~40℃室温条件下给电池组充电。请在灼热的电池组冷却后再充电。"电池包"在用过后电量比较低时请及时充电;电池充满电长时间(超过6个月)未使用,请给其充电。以防止电量过低而损坏电池。

(4)日常保养。

①齿轮箱保养:关闭"电池包"的电源开关,拔出电源线的插头。

将修剪机的底面朝上,用毛刷或干布条清理干净加油孔附近的杂物。用六角扳手将油封螺丝松开。将加油瓶的瓶嘴对准加油孔,将适量的润滑油脂加入到齿轮箱。将油封螺丝拧回到齿轮箱。每使用8小时左右后加油一次(图2-84)。

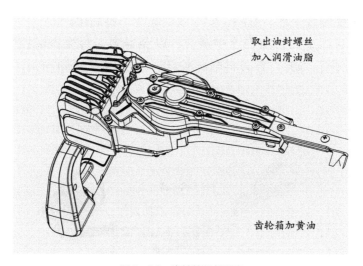

图2-84 齿轮箱保养示意

②刀片保养:关闭"电池包"的电源开关,拔出电源线的插头。

用毛刷清理干净碎叶收集板及刀片上的杂物,再用抹布擦拭干净。涂抹或喷洒上适量的低黏度润滑油。

每使用1小时后涂抹或喷洒一次润滑油,以减小刀片的摩擦,增加使用寿命(图2-85)。

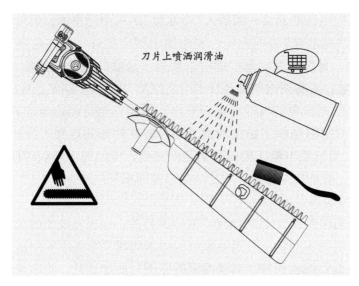

图2-85 刀片保养示意

③注意事项：切勿使用汽油、苯、稀释剂、酒精等带有腐蚀性的物品清洁机器，以免导致变色、脱漆、变形或裂缝等不良后果。

切勿将机器或刀片放在水中清洗，以免导致刀片生锈或控制电路及电机受损。保养工具前，务必将电源关闭，拔出电源线的插头才可操作（图2-86）。

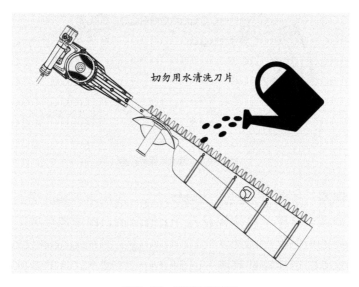

图2-86 机器清洗示意

④拆卸或更换安装刀片：拆卸刀片时关闭"电池包"的电源开关，拔出电源线的航空插头。佩戴好手套，用刀片防护罩套好刀片。按图2-87用六角扳手将两颗螺母取出。

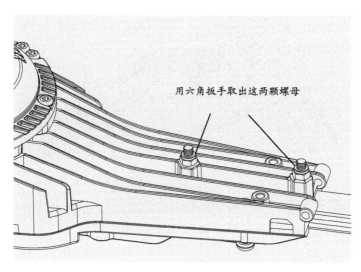

图2-87　取出螺母示意

将机器底部朝上，然后用扳手松开取下盖板的6颗螺丝，并拆下底盖（图2-88）。

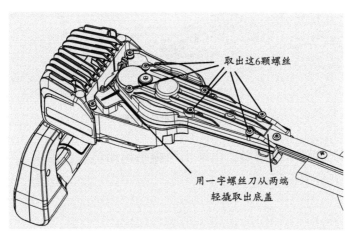

图2-88　拆下底盖示意

取出下摆臂及羊毛毡,用T25螺丝刀拧出固定刀片的两颗螺丝(图2-89),并取出刀片组(图2-90)。

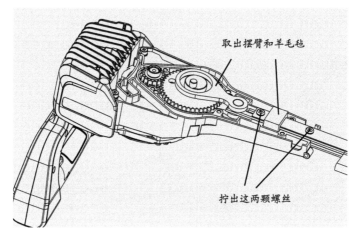

图2-89 机器清洗示意

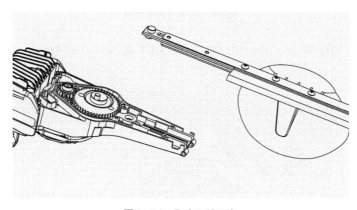

图2-90 取出刀片示意

先拧出上面的7颗螺母,再取出前提手和挡草板,再用T25螺丝刀拧出螺丝,将刀片组拆开(图2-91)。

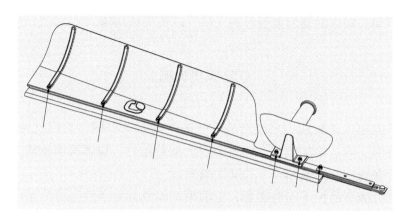

图2-91 拆开刀片组示意

安装刀片：将旧刀中拆下的滑块、螺丝、背条、新的刀片安装好组装在一起。换好刀片后再按拆卸刀片的反向顺序（由7到3）装配在机器上。安装完毕后，在注油孔内加入适量的黄油，取下新刀片的刀片保护罩，用电源线将机器与"电池包"连接在一起，按机器使用说明运行机器，以检查机器是否运行正常（刚开始时以低速运行），如运行不正常，则是齿轮箱及刀片安装不正确。

如果运行不正常，则需重新按以上步骤拆卸并正确安装齿轮箱与刀片，直到可正常运转。如有安装上的问题，请与经销商联系解决。

（5）安全防范。

①操作安全：不可在有爆炸危险的环境中使用电动工具，如燃液、可燃气或可燃粉尘存在之处等。操作电动工具时，不可让儿童或闲杂人员接近，注意力分散容易导致操作失误。电动工具不可淋雨，不可置于潮湿环境中。

不得滥用电线；绝不能用电线搬运、拉动电动工具，还须避免使导线触及尖锐物体，导致电线受损。切勿让小孩玩耍本电动工具。

操作人员切勿在饮酒或用药后以及疲劳、身体不适时使用电动工具。在启动电动工具前，必须拿掉所有的调节钥匙或扳手。在进行拆装及保养时，必须关闭工具的电源及拔出电源连接线。

②个人安全：在光线良好的环境下操作。操作人员应佩戴安全头盔、护目镜。注意衣装，穿着合适的工作服，切勿穿戴宽松的服饰及佩戴首饰。

穿着防滑鞋，注意地面的情况，以免跌倒。检查及触摸刀片时，佩戴防护手套。操作时不可让电动工具离身体过远。任何时候都需要立足稳固，保持身体平衡。操作时要远离观看的人员,以免造成伤害。

(六) 采摘机械

采茶机是从茶树顶梢采收新嫩茶叶的作物收获机械。实行机械化采茶,不仅能提高工效,增加效益,还是节省大批劳动力、缓解采摘洪峰、缩短采摘周期、保证鲜叶质量的一个关键性措施。

采茶机械有各种不同的类型,应根据茶园的立地条件,区分是幼龄茶园还是生产茶园,合理地加以选用。平地茶园、缓坡茶园,可选用双人抬式采茶机,坡度较大的茶园则选用单人操作的小型采茶机械较为合适。幼龄茶园以扩大树冠为主,宜用平型采茶机,生产茶园以采摘鲜叶获取产量为主要目的,宜选用弧形采茶机(平型树冠的茶园只能选用平型采茶机)。机采茶园一般采用修剪机进行轻修剪。修剪机的选型应与采茶机相配套,即弧形采茶机配弧形修剪机,平型采茶机配平形修剪机。

1. 单人采茶机

以浙江川崎茶业机械有限公司的NV45H单人采茶机为例。

(1) 主要技术参数及结构。

①主要技术参数:结构型式为单人背负式,外形尺寸为750毫米×280毫米×200毫米;割幅宽度450毫米,结构质量3.5千克;传动方式为软轴+齿轮箱,传动比4.214;汽油机额定功率0.8千瓦,额定转速7 500转/分;刀齿高度30毫米,刀齿间距34毫米。

②主要结构:NV45H单人采茶机主要由汽油机、汽油机背负装置、软轴、机具和把手组成。

(2) 采茶作业要领。

①采茶机汽油机与主体的连接:拉起汽油机动力输出孔上的活动销钉,将软轴套有小孔的一端插入孔内。转动软轴套,使活动销钉插入小孔内,软轴这一端固定完毕。在软轴套有槽的一端,一边慢慢转动方形软轴边向里推,使软轴进入汽油机的方孔内。将外露的软轴进入采茶机驱动轴的方孔后,用力将软轴套有槽的一端推入软轴座。转动软轴固定扣,将软轴套推到底后再放开固定扣,此时软轴已经固定。

②作业前注意事项：外观如有磨损、松弛，需及时加固；紧固件类如有脱落、松动，应紧固；齿轮箱黄油应每20~30小时补充一次；刀齿如有变圆、裂开、变形，应更换部件；刀片如无注润滑油，应及时注油；空气滤清器如有污染，应及时清洗；油箱如无燃料，应及时补油，油箱盖松弛应加固；油门开关低速到高速开关操作如果不顺畅，应调整或更换部件；汽油机开关ON、OFF动作如不顺畅，应更换部件；刀片间隙如有过大或过小，应及时调整；手把如未固定应给以调整。

③操作注意事项：检查所用燃料必须是92号或以上车用汽油与二冲程专用机油（JASO FD级）的混合油。为延长汽油机的使用寿命，汽油和机油的混合必须正确，使用容积比为50∶1。变质燃料、错误比率燃料禁止使用，否则，不能保证作业的正常进行。汽油机不能在高速运转时突然停车，怠速在产品出厂时已调整好，为2 300~2 700转/分，不要任意调整。刀片每运转1小时，应注油一次，刀片用HG-10号车用机油润滑，并正确调整刀片间隙。每使用8~10小时，给传动箱加注ZFG-2号复合钙基润滑脂一次。采茶机不得当修剪机使用。汽油机运转中，即使离合器处于分离时，也绝对不能摸刀刃。转移工作场地或终止作业时，即使是短距离，也应关停汽油机。汽油机在运转时，不要触摸火花塞。单人采茶机软轴弯曲角度不宜过大，避免断裂。每次工作前，须在软轴上涂上高温黄油，插入软管拉动几次。搬运时不要使机器受到剧烈冲击。

④汽油机的启动与停车：启动前先按几次手油泵，燃料流入汽化器，使空气排出，油门手柄全部关闭。汽油机在冷却状态或冬季启动时，打开电路开关，关上汽化器的红色阻风门。按住汽油机，拉动启动绳。启动后，稍微加大油门，空运转2~3分钟，作为暖机运转，然后加大油门，投入正常工作。如需停机，可使油门开关处于低速位置，降低汽油机的转速，进行2~3分钟冷机运转，然后关闭电路开关。

（3）日常保养。

①刀片保养：由于刀片是高速滑动部件，因此必须加注润滑油，每运转1小时，就应注油一次，刀片用HG-10号车用机油润滑。

②检查与调整刀片间隙：机器工作一段时间后，由于刀片磨损或者振动使刀片螺钉松动，都会改变刀片的正常间隙（0.05毫米左右），因此必须经常注意刀片的运转情况，检查刀片螺钉的紧固程度与刀片间隙。刀片间隙的正确合适与否，决定了机器的采摘、剪切性能，过大的间隙使刀片切割易

"折断",不仅影响采摘茶叶的质量,损伤茶园,并且使被采摘、修剪过的茶园表面不整齐。过小的刀片间隙,负载增大,难以使刀片运转或损伤刀片(图2-92)。

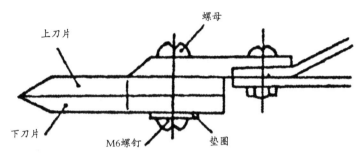

图2-92 刀片间隙调整

刀片间隙可按以下方法进行调整:拧松螺母;用十字螺丝刀将螺钉轻轻拧到底,再退回3/8圈;拧紧螺母,此时刀片调整垫片应能灵活移动;给刀片注上润滑油;启动汽油机并使刀片高速运转1分钟;关掉汽油机,触摸螺母,若手能够承受螺母温度表示调整良好。若烫手时,将螺钉拧松一点,反复调整直至满意。

③保持送风系统的清洁:风机进风口内有异物时会使送风能力下降,应经常拆下风机护罩,清洁内部杂物。送风管的细端内部容易积存异物,应经常拆下末端的橡胶塞,将管内的杂物清除。

④火花塞积炭的清除和间隙的调整:汽油机每工作25小时左右,必须取下火花塞,清除积炭,并重新调整电极间的间隙(0.6~0.7毫米)。

⑤空气滤清器和汽缸盖的清洁:使用15小时后,拆卸空气滤清器,用汽油进行清洗,洗净干燥后装好紧固。拆卸汽缸盖,清除积炭和外表面附着的杂物及尘埃。

⑥汽化器的清洁:采茶机在作业时,条件恶劣,空气中的炭粉、茶树上的尘埃也会污染汽油机,除每班结束清理汽油机的污染物外,工作100小时后应清洗汽化器(清洁汽化器时,必须在油箱开关关闭的情况下进行)。

⑦机器长期不用时:待汽油机冷却后,放出燃料,按几次手油泵,让管内残余燃油流回油箱,最后吸出油箱内所有的燃油。取下火花塞,在孔内注入几滴机油,再轻拉启动器,让汽缸内壁涂上机油,然后装上火花塞。清除机器外部的脏物及刀片、刀刃片上的茶浆,在干燥处存放。不良部位应及时

修理。

（4）常见故障处理。

①不能启动：

火花塞在点火时没有火花：

◎火花塞电极受潮。处理方法：干燥。

◎火花塞电极积炭。处理方法：清除。

◎火花塞电极的绝缘体龟裂及绝缘龟不良。处理方法：调换。

◎火花塞电极间隙过小或过大。处理方法：调整。

◎火花塞电极烧损。处理方法：调换。

火花塞在点火时有火花：

压缩良好：

◎燃料过浓。处理方法：减少供油。

◎不良燃料的使用。处理方法：调换。

燃料有，压缩不良：

◎汽缸、活塞、活塞环磨损严重。处理方法：调换。

汽化器：

◎没有燃料。处理方法：补充。

◎量孔堵塞。处理方法：清除堵塞物。

◎滤清器堵塞。处理方法：清理。

不供燃料：

◎进气管、汽化器等紧固件松动。处理方法：坚固。

②动力不足：

压缩良好，不燃烧、熄火：

◎由于燃料管的接缝等进入空气。处理方法：确实紧固。

◎由于进气管、汽化器部件进入空气。处理方法：密封更换或紧固。

◎燃料中混入水分。处理方法：更换优质燃料。

◎活塞有烧焦气味。处理方法：将部件仔细清理。

◎周围积炭。处理方法：分解清理。

过热：

◎燃料太稀。处理方法：调整汽化器。

◎风扇罩、气缸散热片堆积灰尘。处理方法：清除。

有振动声(异常音)的倾向：

◎使用的燃料不良。处理方法：更换优质燃料。

◎燃烧室积炭。处理方法：清理。

其他：

◎空气滤清器堵塞。处理方法：清理。

◎负荷过大。处理方法：负荷在规定范围内。

③动力不足：

◎空气滤清器污染。处理方法：清洗或更换。

◎排气口或消音器积炭过多。处理方法：清除。

③在运转时停车：

运转中急速停车：

◎活塞烧结。处理方法：用锉刀细心地修正活塞和气缸，烧结的环要更换。

◎火花塞电极积碳短路。处理方法：清除积炭。

◎磁电机内部的故障。处理方法：分解并检查。

◎火花塞帽脱开。处理方法：按原样嵌入。

转速下降而停车：

◎燃料不足。处理方法：灌满。

◎汽化器内部堵塞。处理方法：检查并清理。

◎燃料中混入水分。处理方法：排除、重新加入燃料。

④停车困难：

汽油机本身：

◎汽缸活塞过热，在内部自然发火。处理方法：清除汽缸和活塞的积炭。

其他：

◎火花塞顶端红热。处理方法：清理电极，调整间隙（0.6~0.7毫米）。

◎连接线脱落。处理方法：插入。

（5）安全防范。使用本机前务必阅读使用说明书以及汽油机使用说明书，按说明书提供的方法使用、维护、保养机器，以免发生安全事故。

①操作人员要求：操作者必须身体健康、精神状态良好，凡属精神病患者、醉酒的人、无操作知识的人、未成年人或老人、妇女怀孕或经期、劳累过度或没休息好的人、有病正在吃药不能正常工作的人员不能操作使用修剪机。

②操作服装要求：操作人员应穿长袖衣裤，但避免穿宽袖口、裤口的衣服；戴有沿的帽和保护镜；检查和保养时戴上手套操作；穿防滑的鞋子。

③严禁烟火：燃料的放置请注意防火安全，严禁放置在易起火的场所。在汽油机发动着或补充燃料时严禁吸烟。在补充燃料时，应停止汽油机，充分冷却后再进行。另外，在补充燃料时机器万一倒翻或燃料飞溅到机体上时，用干布擦干机体上的燃料。加油时要先停止发动机，以免发动机高温引燃汽油，导致火灾事故。

2. 双人采茶机

以浙江川崎茶业机械有限公司的SV100双人采茶机为例。

（1）主要技术参数及结构。

①主要技术参数：结构型式为双人抬式，外形尺寸为1 180毫米×550毫米×450毫米；割幅宽度1 000毫米，结构质量13.0千克；传动方式为皮带+齿轮箱，传动比1.75；离合器型式为涨紧轮，汽油机排量为50.6毫升，最大功率2.3千瓦，额定转速8 500转/分，油箱容积1.2升。

②主要结构：SV100双人采茶机主要由E侧手把、操作开关、滑动螺母、空气滤清器、排气管、油箱、启动器、送风管、透明板、双用开关、割侧板、刀片、曲轴箱和吹出筒组成。

（2）采茶作业要领。

①作业前注意事项：作业前要检查外观，如有磨损、松弛，或紧固件类如有脱落，应及时加固，更换部件。齿轮箱黄油应每20~30小时补充一次。刀片如有变圆、裂开、变形，应更换刀片；刀片如未注润滑油，应注油。空气滤清器发现污染，应清洗。油箱如无燃料，应补油，油箱盖松弛应拧紧。双用开关操作如不顺畅，应调整或更换部件。汽油机开关ON、OFF开关启动如不顺畅，应更换部件。调整好刀片间隙；紧固手把。

②汽油机的启动与停车：启动前先按几次手油泵，燃料流入化油器，使空气排出，再把油门打开1/3~1/2。把电路开关置于"ON"侧。按住汽油机，先轻轻将启动绳拉出少量，手上感到有重感时，再快速拉动启动绳，拉动时，人需站在远离刀刃的一侧。启动后，加大油门，投入正常工作。停车时，先将油门开关置于低速位置，然后将电路开关置于"OFF"侧，使汽油机停止转动。

③作业时注意事项：作业时，将把手调节到易于操作的位置。作业时，请勿接近他人。雨天或地面较滑时，请特别注意安全操作。刀刃被枝条夹住时，请迅速停止汽油机，再取出异物。请勿倒退（走）作业。终止作业时，

请停止汽油机,清除刀片上的残留物,套上刀盖。移动场所作业时,即使是短距离,也应停止汽油机。

摘采作业方法:把手置于易操作位置;将集叶袋装在机器上,收紧袋口,以免茶叶洒出。将集叶袋牢固地挂在机器的各个袋钩中,此时网罩从机器中央移向汽油机侧少许;取下刀片盖;在燃料补给时,同时在刀片上注润滑油,以免刀片磨损;按汽油机启动顺序启动汽油机;机器操作时,E侧、割侧手把的工人用双手扶持(图2-93);将双用开关中的油门开关(下面)慢慢置于"开"的位置,加快汽油机转速,再将涨紧拉线开关(上面)转到进入方向,可驱动刀片往复运动。根据作业者走速、割痕、集叶状况调整汽油机转速,一般湿叶情况下全开(高速)作业。茶田逐侧采摘,汽油机侧稍慢的话,有利于顺利作业。

图2-93 摘采作业

④刀片间隙的调整:刀片在使用一段时间后,由于磨损等原因,间隙会发生变化,必须进行再次调整。请在除去压刀片及刀片上的茶浆及污物后,按下列步骤进行:将调整螺母拧松。将调整螺钉用起子充分拧紧。将调整螺钉用起子退1/2~3/4圈(180°~270°)。用起子保持此状态,将调整螺母用扳手拧紧。此时平垫片有少量间隙,间隙大时,退回第一步作业,减少第三步的退回量。间隙小时,回到第一步作业,增加第三步的退回量直至调整到合适状态。汽油机启动,驱动刀片,确认有无异常(图2-94)。

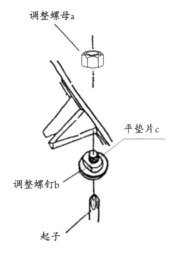

图2-94 刀片间隙调整

⑤汽油机使用注意事项：经常检查各部件的固定螺钉和螺母有否松动。所有燃料必须用92号或以上车用汽油与二冲程专用机油（JASO FD级）的混合油。为延长汽油机的使用寿命，汽油和机油的混合必须正确，使用容积比为50：1。变质燃料、错误比率燃料禁止使用，否则，不能保证作业的正常进行。汽油机不能在高速转动时突然停车，以防损坏机件。汽油机在运转时，不要触摸火花塞。

注油时注意事项：汽油机停止，冷却后再注油（图2-95）；在通气良好的场所或室外进行注油；请将油箱周围擦干净，防止异物进入；打开油箱盖时应缓慢，小心地打开，防止燃油外泄；燃料溢出，应用布擦干，小心地注油，不要让油溢出；燃料应加到油箱的80%左右（图2-96）；盖紧油箱盖；注油后，应在距离加油地3米以上，再启动汽油机。

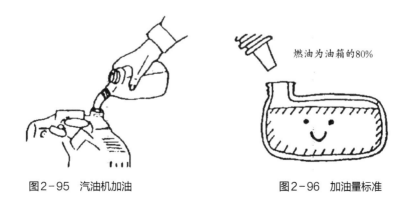

图2-95 汽油机加油　　　　图2-96 加油量标准

（3）日常保养。

①采茶机的保养：

平时保养：严禁不懂修理的人拆、修；保养时如发现异常，请修复后再使用；请不要随意改造本机机械和使用非制造公司出产的零部件。

②各装置作用和调整方法：刀片由上下两个刀片组成，刀片的往复运动将茶叶被夹住的部分切断。两处手把都装有防震橡胶。

滑动螺母的调整：用于调整E侧手把的伸缩。将螺母向逆时针方向转1/4圈左右，手把伸缩，调整到容易作业的位置，调整好后，务必按顺时针方向将滑动螺母锁紧。由于采用了快速偏心锁紧装置，所以当手把套入后，滑动螺母的总活动量不超过1/2圈，请不要过多转动，以免损坏螺纹（图2-97）。

操作开关的调整：用于E侧、割侧手把的角度调整和割侧手把的滑动调整。将装在手把处的操作开关向A方向扳，即松弛。调整到适合作业姿势的位置后，再向B方向扳，即锁住（图2-98）。

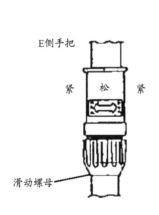

图2-97 滑动螺母调整

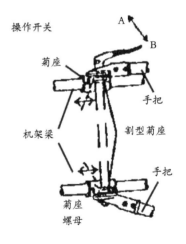

图2-98 操作开关调整

双用开关的操作：装在割侧手把上，上面的开关是涨紧拉线开关，控制刀片的运动和停止，下面的开关是油门开关，控制汽油机的转速（图2-99）。

汽油机开关（图2-100）：汽油机侧的停止开关，由于它是按钮式开关，操作时要按到汽油机完全停止。割侧手把停止开关：将开关倒向"OFF"侧，汽油机停止。即使启动启动器，也不能启动（图2-101）。

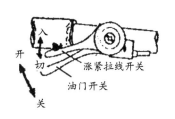  

图2-99 双用开关操作　　图2-100 汽油机开关　　图2-101 割侧手把停止开关

③机器不用时的保养：作业后，擦干附在刀片上的泥、草，注入润滑油，套上刀套。刀片间隙过大会导致剪枝能力低下，过小会增大摩擦阻力，应根据刀片调整方法进行调整。对各部分进行检修，根据需要进行调整。

长时间不用时，应对不良部位进行修理。机器需长期保管时，待汽油机冷却后，放出燃料，再将油箱内的过滤器拉出，按几次手油泵，让管内残余燃油流回油箱，最后吸出油箱内所有的燃油。取下火花塞，在孔内注入几滴机油，轻拉启动器，让汽缸内壁涂上机油，然后装上火花塞。擦掉外部脏物，放置在干燥安全的地方。

（4）常见故障处理。

①不能启动：

火花塞在点火时没有火花：

◎火花塞电极受潮。处理方法：干燥。

◎火花塞电极积炭。处理方法：清除。

◎火花塞电极的绝缘体龟裂及绝缘不良。处理方法：调换。

◎火花塞电极间隙过小或过大。处理方法：调整。

◎火花塞电极烧损。处理方法：调换。

火花塞在点火时有火花：

压缩良好：

◎燃料过浓。处理方法：减少供油。

◎不良燃料的使用。处理方法：调换。

燃料有，压缩不良：

◎汽缸、活塞、活塞环磨损严重。处理方法：调换。

汽化器：

◎没有燃料。处理方法：补充。

◎量孔堵塞。处理方法：清除堵塞物。

◎滤清器堵塞。处理方法：清理。

不供燃料：

◎进气管、汽化器等紧固件松动。处理方法：坚固。

②动力不足：

压缩良好，不燃烧、熄火：

◎由于燃料管的接缝等进入空气。处理方法：确实紧固。

◎由于进气管、汽化器部件进入空气。处理方法：密封更换或紧固。

◎燃料中混入水分。处理方法：更换优质燃料。

◎活塞有烧焦气味。处理方法：将部件仔细清理。

◎周围积炭。处理方法：分解清理。

过热：

◎燃料太稀。处理方法：调整汽化器。

◎风扇罩、气缸散热片堆积灰尘。处理方法：清除。

有振动声（异常音）的倾向：

◎使用的燃料不良。处理方法：更换优质燃料。

◎燃烧室积炭。处理方法：清理。

其他：

◎空气滤清器堵塞。处理方法：清理。

◎负荷过大。处理方法：负荷在规定范围内。

◎空气滤清器污染。处理方法：清洗或更换。

◎排气口或消音器积炭过多。处理方法：清除。

③在运转时停车：

运转中急速停车：

◎活塞烧结。处理方法：用锉刀细心地修正活塞和气缸，烧结的环要更换。

◎火花塞电极积碳短路。处理方法：清除积炭。

◎磁电机内部的故障。处理方法：分解并检查。

◎火花塞帽脱开。处理方法：按原样嵌入。

转速下降而停车：

◎燃料不足。处理方法：灌满。

◎汽化器内部堵塞。处理方法：检查并清理。

◎燃料中混入水分。处理方法：排除、重新加入燃料。

④停车困难：

汽油机本身：

◎汽缸活塞过热，在内部自燃发火。处理方法：清除汽缸和活塞的积炭。

其他：

◎火花塞顶端红热。处理方法：清理电极，调整间隙（0.6~0.7毫米）。

◎连接线脱落。处理方法：插入。

（5）安全防范。使用本机前务必阅读使用说明书以及汽油机使用说明书，按说明书提供的方法使用、维护、保养机器，以免发生安全事故。

①操作人员要求：操作者必须身体健康、精神状态良好，凡属精神病患者、醉酒的人、无操作知识的人、未成年人或老人、妇女怀孕或经期、劳累过度或没休息好的人、有病正在吃药不能正常工作的人员不能操作使用修剪机。

②操作服装要求：操作人员应穿长袖衣裤，但避免穿宽袖口、裤口的衣服；戴有沿的帽和保护镜；检查和保养时戴上手套操作；穿防滑的鞋子。

③严禁烟火：燃料的放置请注意防火安全，严禁放置在易起火的场所。在汽油机发动着或补充燃料时严禁吸烟。在补充燃料时，应停止汽油机，充分冷却后再进行。另外，在补充燃料时机器万一倒翻或燃料飞溅到机体上时，用干布擦干机体上的燃料。加油时要先停止发动机，以免发动机高温引燃汽油，导致火灾事故。

3．电动采茶机

电动采茶机是经过多年的研究，试验研发而成的。该机解决了原先采茶机存在的笨、重、操作不便，使用成本高，且采摘下来的茶叶质量差等问题，根据茶农的实际情况而制造的。该机操作时只要手握手柄启动电源开关，将刀片组对准茶叶即可实现采茶作业，而且采摘下来的茶叶质量，可达到手工采摘一样的水平。

以浙江恩加农林科技有限公司的4CD-30B电动采茶机为例。

（1）主要技术参数及结构。

①主要技术参数：结构形式为单人手提式，刀片形状平行，结构质量

1.8千克,配套动力类型为直流电动机,传动方式齿轮传动,蓄电池类型锂电池,蓄电池额定容量7.8安时,蓄电池额定电压36伏,蓄电池额定电压36伏,蓄电池额定转速8 000转/分,蓄电池额定功率0.1千瓦,切割器宽度300毫米,切割刀片长度400毫米。

②主要结构:4CD-30B电动采茶机主要由把手、开关机按键、挡位按钮、电源指示灯及挡位灯、电源线、齿轮箱、碎叶收集器、刀片及背条和护齿等组成(图2-102)。

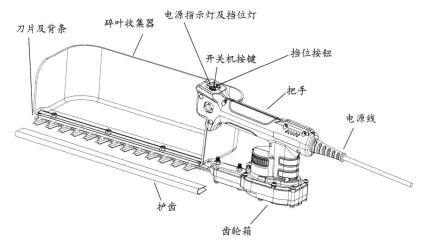

图2-102 电动采茶机结构示意

(2)操作使用要领。

①操作前检查工作:检查各机械部件是否正常。检查各螺丝是否松动,如松动需拧紧后才可使用。检查刀片上不能有杂物,可活动畅顺,刀片上没有润滑油时需加上低黏度的润滑油。

②操作指引:插入电源线:将电源线的插头对准"电池包"的航空插座插入到位,并且锁好螺母。注意航空插头的定位方向,不可强行插入,以免损坏插头。

"电池包"开机:将"电池包"的电源开关按一下(图2-103),电源指示灯亮起(蓝光),此时"电池包"输出电压供给采茶机,再按一次电源开关可关闭"电池包"的输出电压。注意"电池包"设有安全保险,在没有电源连接线将"电池包"及采茶机连接时,按电源开关是打不开的,"电池包"也不会有电压输出。

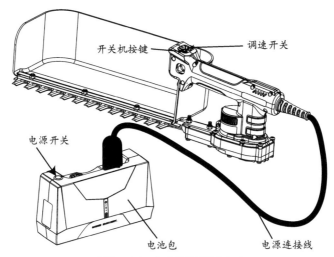

图2-103 电动采茶机操作示意

启动修剪机至待机状态：背上"电池包"，调整好"电池包"的舒适位置，固定好绑带，按下"电池包"的电源开关按钮，再长按一下（>1.5秒）采茶机的开关机按键，发出"滴"一声长响，同时按键上方的电源指示灯亮起，采茶机电源已接通，处于待机状态。

手握住采茶机把手位置，用手指头点按右侧调速开关，采茶机启动起来并处于低速挡状态，再点按一次即切换到高速挡状态。

使用完毕后，点按开关机按键，采茶机停止运转，长按开关机按键，发出"滴…滴…"2声长响，关闭采茶机的电源，这时电源指示灯也熄灭。另在待机状态下，如果没有任何操作，1分钟后采茶机也会自动关闭电源。

长时间不使用采茶机时，请关闭"电池包"的电源开关，拔出电源连接线的航空插头，以免小孩或不熟悉机器的人引起误操作。并将刀片防护罩套好刀片，在环境干燥及安全的地方存放好。

③过流保护及过温保护的恢复：在使用过程中，如突然遇到超负荷时，过流保护电路会启动，采茶机立即停止运转，以防采茶机出现损坏。过流保护后，关闭一次采茶机的开关机按钮后再开一次开关机按钮可恢复正常使用（如果是电池包出现过流保护，则需将电源线的航空插头拔掉后再插上就可以恢复正常使用）。

采茶机在高温的环境中长时间使用后，机器控制系统及电机的温度会慢慢上升，当温度过高后，过温保护电路会启动，发出"滴…滴…"连续8声报警,采茶机立即停止运转,以防采茶机出现损坏。过温保护后,将采茶机放置在阴凉的地方,待温度下降后则可恢复正常的使用。

④使用注意事项:在使用过程中,刀片不要接触金属、石头等硬度大的物品,否则容易导致刀片缺口、断裂等不良后果。采茶机应避免在高空作业,确保安全。修剪机请勿修剪直径超过20毫米的树枝。

(3)电池包的充电。当"电池包"的电量用完或过低时,关闭"电池包"的电源开关,松开电源连接线航空插头的螺母,拔出电源连接线。参照"电池包"的使用说明对"电池包"进行充电;"电池包"在用过后电量比较低时请及时充电。电池充满电长时间不用,每隔2~3月需再充电,以防止电量过低而损坏电池。

(4)日常保养。

①齿轮箱保养:关闭"电池包"的电源开关,拔出电源连接线的航空插头。

将采茶机的底面朝上,用毛刷或干布条清理干净加油孔附近的杂物。用六角扳手将油封螺丝松开。将加油瓶的瓶嘴对准加油孔,将适量黄油加入到齿轮箱。将油封螺丝拧回到齿轮箱。每使用8小时左右后加油一次(图2-104)。

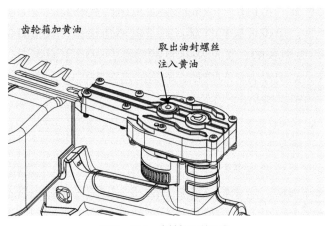

图2-104 齿轮箱保养示意

②刀片保养:关闭"电池包"的电源开关,拔出电源连接线的航空插头。

用毛刷清理干净刀片上的杂物,再用抹布进行擦拭干净。涂抹或喷洒上适量的低黏度润滑油。

每使用1小时后涂抹或喷洒一次润滑油,以减小刀片的摩擦,增长使用寿命(图2-105)。

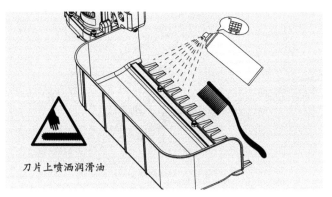

图2-105　刀片保养示意

③注意事项:切勿使用汽油、苯、稀释剂、酒精等带有腐蚀性的物品清洁机器,以免导致变色、脱漆、变形或裂缝等不良后果。

切勿将机器或刀片放在水中进行清洗,以免导致刀片生锈或控制电路及电机受损。保养工具前,务必将电源关闭,拔出电源连接线的插头才可操作(图2-106)。

图2-106　清洗示意

④拆卸或更换安装刀片:拆卸刀片时关闭"电池包"的电源开关,拔出电源连接线的航空插头。佩戴好手套,将刀片防护罩套好刀片,防止刀刃割

到手。先用8毫米的开口扳手逆时针方向拆掉机器上面的两颗M5螺母(图2-107)。

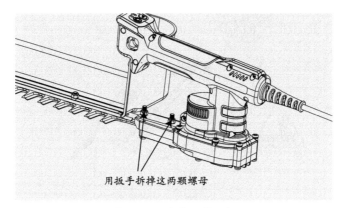

图2-107　拆卸刀片示意

将机器底部朝上,用T25梅花螺丝刀将底盖上的8颗螺丝拆卸(图2-108)。

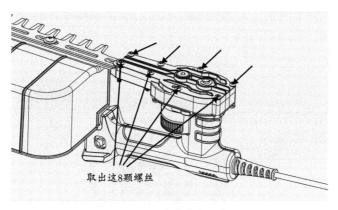

图2-108　拆卸螺丝示意

用5毫米内六角扳手将注油口螺丝拧出(图2-109)。

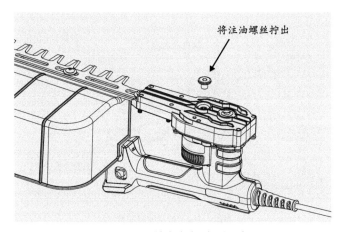

图2-109 拧出注油口螺丝示意

用M8×20螺丝旋入齿轮箱下盖注油口,直至将齿轮箱下盖顶出(图2-110)。

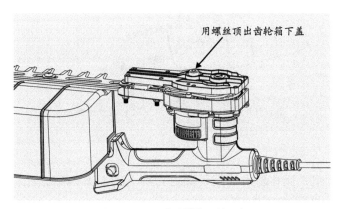

图2-110 顶出齿轮箱下盖示意

取出摆杆、羊毛毡,用T25梅花螺丝刀取出两颗M5螺丝(图2-111)。

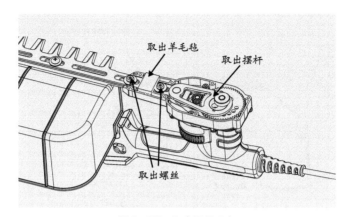

图2-111　取出螺丝示意

取出刀片组（图2-112）。

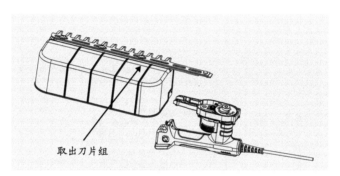

图2-112　取出刀片示意

拆开刀片组：用8毫米的扳手固定刀片上的M5螺母，在另一面用T25的梅花螺丝刀将螺丝取出（图2-113）。

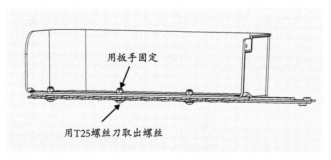

图2-113　拆开刀片组示意

安装刀片：将旧刀中拆下的滑块、螺丝、背条、新的刀片安装好组装在一起。换好刀片后再按拆卸刀片的反向顺序（由8到3）装配在机器上。安装完毕后，在注油孔内加入适量的黄油，取下新刀片的刀片保护罩，用电源连接线将机器与"电池包"连接在一起，按上面机器使用说明运行机器，以检查机器是否运行正常（刚开始时以低速运行），如运行不正常，则是齿轮箱及刀片安装不正确。

如果运行不正常，则需重新按以上步骤拆卸及正确安装齿轮箱与刀片，直到可正常运转。如有安装上的问题，请与经销商联系解决。

（5）安全防范。

①操作安全：不可在有爆炸危险的环境中使用电动工具，如燃液、可燃气或可燃粉尘存在之处等。操作电动工具时，不可让儿童或闲杂人员接近，注意力分散容易导致操作失误。电动工具不可淋雨，不可置于潮湿环境中。

不得滥用电线；绝不能用电线搬运、拉动电动工具，还须避免使导线触及尖锐物体，导致电线受损。切勿让小孩玩耍本电动工具。

操作人员切勿在饮酒或用药后以及疲劳、身体不适时使用电动工具。在启动电动工具前，必须拿掉所有的调节钥匙或扳手。任何拆装及保养的情况下，必须关闭工具的电源及拔出电源连接线。

②个人安全：在光线良好的环境下操作。操作人员应佩戴安全头盔、护目镜。注意衣装，穿着合适的工作服，切勿穿戴宽松的服饰及佩戴首饰。

穿着防滑鞋，注意地面的情况，以免跌倒。检查及触摸刀片时，佩戴防护手套。操作时不可让电动工具离身体过远。任何时候都需要立足稳固，保持身体平衡。操作时要远离观看的人员，以免造成伤害。

第三章　扁形茶加工及配套机械

　　扁形茶加工主要包括扁形茶室内加工及配套机械两大部分，其中扁形茶室内加工主要含茶叶加工、茶叶包装和茶叶贮藏等内容；扁形茶加工配套机械主要含炒制机、辉锅机、理条机、自动化生产加工流水线及色选机等机械。

一、扁形茶加工

(一) 茶叶加工

扁形名优绿茶以龙井茶为代表,外形扁平且光滑、色泽绿翠、香高味醇的优异品质深受消费者青睐。扁形茶加工一般用长板式单锅龙井茶炒制机,辉锅可采用手工辉锅或滚筒辉干机。工序一般为鲜叶摊放→青锅→摊凉回潮→二青→摊凉回潮→辉锅→整理。

扁形茶炒制常用的机械配套方案为:1台六槽多功能名茶炒干机和2台电炒锅,每小时可生产0.5千克扁形名茶。

1. 鲜叶摊放

鲜叶质量分为特级、1级、2级、3级、4级(表3-1)。摊放以室内自然摊放为主,可通过控制通风(关闭或开放门窗)来调节鲜叶的失水。有条件的可在空调室内或利用专用摊青设备进行摊放,根据鲜叶数量和加工能力来调节摊青进程。摊放应在软匾或篾垫等摊放器具上进行,要求不同品种和等级、晴天叶与雨水叶、上午采与下午采的芽叶分开摊放。摊放场所要求清洁卫生、阴凉、空气流通、不受阳光直射。以自然摊放为例,视天气、鲜叶老嫩等情况,2级以上鲜叶原料的摊叶厚度控制在3厘米以内,3级、4级鲜叶原料的摊叶厚度一般控制在4~5厘米。摊放时间视天气和原料而定,一般为6~12小时。晴天、干燥天时间可短些,阴雨天时间应相对长些。高档叶摊放时间应长些,低档叶摊放时间应短些,掌握"嫩叶长摊,中档叶短摊,低档叶少摊"的原则。在摊放过程中,中、低档叶应轻翻1~2次,促使鲜叶水分散发均匀和摊放程度一致;高档叶尽量少翻,以免机械损伤。以叶面开始萎缩,叶质由硬变软,芽叶舒展,叶色由鲜绿转暗绿,清香显露,含水率降至68%~72%为摊放适度。

表3-1 龙井茶鲜叶质量分级表

等级	质量要求
特级	一芽一叶初展,芽叶夹角小,芽长于叶,芽叶匀齐肥壮
1级	一芽一叶至一芽二叶初展,以一芽一叶为主,一芽二叶初展在10%以下,芽稍长于叶,芽叶完整、匀净
2级	一芽一叶至一芽二叶,一芽二叶在30%以下,芽与叶长度基本相等,芽叶完整
3级	一芽二叶至一芽三叶初展,以一芽二叶为主,一芽三叶不超过30%,叶长于芽,芽叶完整
4级	一芽二叶至一芽三叶,一芽三叶不超过50%,叶长于芽,有部分嫩的对夹叶

2.青锅

杀青的感官要求:初具扁形,叶质柔软,手折茎梗不断,略有茶香,无生焦味。

杀青原则:杀青应做到"嫩叶老杀,老叶嫩杀;湿叶老杀,干叶嫩杀";加压时应遵循"空压—逐步加压—松压"原则。

使用长板式单锅扁茶炒制机,开启机械,将炒板转至上方,打开加热开关,设定温度在220~240℃(机械温度计显示温度),当实际锅温升至设定温度时,开启炒板转动按钮,炒板转动。机器的运行速度控制在140次/分钟左右,用制茶油抹锅面。均匀投入摊青叶,每锅150克左右,可听到茶叶在锅中的"噼啪"声,前期以翻炒为主;当芽叶开始萎瘪、变软、色泽变暗时,开始逐步加压,根据茶叶干燥程度,每隔半分钟加重一次,加压程度主要看炒板,以能带起茶叶又不致使茶叶结块为宜,不得一次性加重压(表3-2)。锅温应先高后低,并视茶叶干燥度及时调整,温度一般分3个阶段:第一阶段锅温从摊青叶入锅至茶叶萎软,一般1~1.5分钟;第二阶段是茶叶成形初阶段,温度比第一阶段低20~30℃,时间一般为1.5~2分钟,到茶叶基本成条、相互不粘手止;第三阶段温度一般在200℃左右,此时是做扁的重要时段,一般恒温。待茶叶炒至初具扁平、挺直、软润、色绿一致,含水率达35%左右,摊开前面出料门自动出锅。青锅全程时间为4~6分钟。

表3-2 青锅工艺参数表

名称	投叶量（千克）	时间（分钟）	设置锅温（℃）	压力调节
参数	0.015~0.04	1.0~2.5	185→175	空压，逐步加压，最后松压

3. 摊凉回潮

杀青整形叶出锅后应及时摊凉，尽快降温和散发水汽，采用自然摊凉或吹风快速冷却。一般摊叶厚度<30cm，含水率高薄摊，含水率低厚摊；摊凉时间一般为1~2小时。摊凉后，适当并堆，必要时可覆盖清洁棉布，时间以30~60分钟为宜，并用不同孔径的茶筛将回潮后的青锅叶分成2~3档，簸去片末。高档叶可以不分筛。

4. 二青

感官要求：色黄中透绿、形扁平直。

二青原则：温度均衡，加压时应遵循"空压—逐步加压—松压"的原则。

使用长板式单锅龙井茶炒制机，开启机械，将炒板转至上方，打开加热开关，设定温度150~180℃为宜，当实际锅温升至设定温度时，开启炒板转动按钮，炒板转动。均匀投入青锅回潮叶，每锅150克左右，炒板翻炒茶叶；当芽叶受热变软，开始逐步加压，根据茶叶干燥程度，一般每隔半分钟加重一次，加压程度主要看炒板，以能带起茶叶又不致使茶叶结块为宜，不得一次性加重压（表3-3）。锅温应先高后低并视茶叶干燥程度及时调整，温度一般分两个段：第一阶段锅温从青锅回潮叶入锅到茶叶柔软，一般1~1.5分钟。第二阶段是茶叶固形阶段，温度比第一阶段低10~15℃，时间一般2.5~3.5分钟，到茶叶成形。第二阶段是"扁平、挺直"固形的重要时段，恒温炒，动作以"压、磨"为主。待茶叶炒至扁平挺直成形，含水率达15%~20%，摊开前面出料门自动出锅。二青全程时间为3~5分钟。

表3-3 二青工艺参数表

名称	投叶量（千克）	时间（分钟）	设置锅温（℃）	压力调节
参数	0.015~0.04	1.0~2.5	165→155	空压，逐步加压，最后松压

5. 摊凉回潮

同前"摊凉回潮"工序。

6. 辉锅

感官要求：外形扁、挺直光滑，色泽金黄透绿，光润匀净；香气清香高锐，独特持久。

可采用手工辉锅或机械辉锅。

（1）手工辉锅。辉锅时锅温一般分成90℃—65℃—75℃三段，炒制过程基本保持平稳，在干茶出锅前略提高锅温感到烫手即可，能起到提香透色作用。先用油榻润滑锅面，放入二青回潮叶，一般每锅200~250克。用力程度应与锅温有机配合，掌握"轻—重—轻"的原则。开始时轻抓、轻抖、稍搭，把茶叶匀齐地掌握在手中，以理条和散发水汽，炒3~5分钟；然后逐渐转入"手不离茶、茶不离手"阶段，用搭、抓、捺、扣等手法代替搭、抓的手法。用抓、挺、捺、扣手法相互交替、密切配合，使茶叶在手中"里外交换、吞吐均匀"，炒5~6分钟。当茶叶茸毛显露时，可略提高锅温，用力减轻，改用抓、挺、磨等手法，使茶叶光、扁、平、直，当茶毛起球脱落，此时一定要"守住"茶叶，尽量不让茶叶"逃"出手外，当茶毛脱净，茶叶一折就断，可起锅，炒约5分钟。手工辉锅全程时间为20分钟左右，干茶含水率6.5%以下。

（2）机械辉锅。使用筒径60厘米滚筒型名优茶辉干机，将筒体清理干净，打开加热开关，设定温度100~120℃，启动筒体转动开关，加热到设定温度，投入整形回潮叶3~5千克，以茶叶稍低于筒口挡叶板，滚动时茶叶不掉出为宜。启动筒体转动开关，转速每分钟35~40转，炒制4~5分钟，至茶叶受热回软，打开热风开关排出热气。定期检查筒体内的制茶叶的干燥度与形状，以茶叶不出现碎末为宜。表面光滑达到干燥度要求时，将温度调到130℃左右，以提高茶叶香气，2~3分钟后感觉茶叶烫手即可停机出茶（表3-4）。机械辉锅全程时间为30分钟左右。干茶含水率6.5%以下。

表3-4 辉干工艺参数表

名称	投叶量（千克）	时间（分钟）	设置锅温（℃）
参数	3~4	30~40	140→130

7. 整理

出锅的茶叶，在散热后立即采用4号筛、10号筛进行割末抖头，将中间的成品按批次、外形、内质分别定级归堆，并结合簸、拣等手段割去碎末，簸去黄片，拣梗剔杂，分级归堆。4号筛面的粗头应进行复辉和再整理。香气不显时应进行提香处理，推荐采用电炒锅手工操作，锅温50~60℃，时间15分钟，随后风扇去毫。

(二) 茶叶包装

茶叶包装是指根据客户需求对茶叶进行包装，以促进茶叶商品销售。一个好的茶叶包装设计可以让茶叶的身价提高数倍，茶叶包装已经是中国茶叶产业重要环节。

1. 包装形式

茶叶包装通常可分为内包装、中包装和外包装。茶叶内包装指直接与茶叶接触的包装，起直接保护茶叶的作用，分单个包装或小包装；茶叶中包装指在茶叶内包装外面又重复进行的包装，一般将内包装装入袋、盒、罐中，起销售宣传产品的作用；茶叶外包装指将成批量的中包装装入中型或大型的箱、袋、盒、罐中，主要用来保障茶叶在流通中的识别和安全，便于装卸、运输及贮存。

2. 包装材料

茶叶包装材料应选择安全、卫生、环保、无味的包装材料，与茶叶直接接触的材料应符合食品卫生标准及产品标准要求。外包装应防水防潮，具有保护茶叶固有形态、抗压的功能，便于装卸、运输。在包装方式上，需考虑储运方式、储运时长、运输工具、销售环境等因素，考虑方便搬运、堆码及运输。包装尺寸应与内包装品相适应，避免过度包装。

用于绿茶包装的材料应具有保鲜性能，应防潮、抗氧化、隔热，如采用高气密性的铝箔或其他2层以上的复合膜材料等。包装方式宜采用塑料薄膜袋或复合薄膜袋进行内包装，中包装采用瓷罐、玻璃罐、金属罐、纸塑复合罐等。茶叶包装应简易，满足茶叶包装、运输和销售需求，减少过度包装，降低包装成本，避免额外浪费。

3. 包装方法

（1）金属罐包装。金属罐包装的防破损、防潮、密封性能十分优异，是茶叶比较理想的包装。金属罐一般用镀锡薄钢板制成，罐形在方形和圆筒形等，其盖有单层盖和双层盖两种。从密封上来分，有一般罐和密封罐两种。在包装技术处理上，一般罐可采用封入脱氧剂包装法，以除去包装内的氧气。密封罐多采用充气、真空包装。金属罐对茶叶的防护性优于复合薄膜，且外表美观、高贵，其缺点是包装成本高，包装与商品的重量比高，增加运输费用。设计精致的金属罐适合于高档茶叶的包装。

（2）纸盒包装。纸盒是用白板纸、灰板纸等经印刷后成型，纸盒包装防止了易破损，遮光性能也极好。为解决纸盒包装茶叶香气的挥发和免受外界异味的影响，一般都用聚乙烯塑料袋包装茶叶再装入纸盒。纸盒包装的缺点是易受潮，现今已使用纸塑复合包装盒，克服了纸盒易受潮的问题，这种采用内层为塑料薄膜层或涂有防潮涂料的纸板为包装材料制作的包装盒，既具有复合薄膜袋包装的功能，又具有纸盒包装所具有的保护性、刚性等性能。若在里面用塑料袋做成小包装袋，防护效果更好。

（3）塑料包装。聚乙烯、聚丙烯、聚氯乙烯等塑料成型容器有着大方、美观，包装陈列效果好的特点，但是其密封性能较差，在茶叶包装中多作为外包装使用，其包装内多用复合薄膜塑料袋封装。

（4）薄膜袋包装。塑料复合薄膜具有质轻、不易破损、热封性好、价格适宜等许多优点，在包装上被广泛应用。用于茶叶包装的复合薄膜有很多种，如防潮玻璃纸/聚乙烯/纸/铝箔/聚乙烯、双轴拉伸聚丙烯/铝箔/聚乙烯、聚乙烯/聚偏二氯乙烯/聚乙烯等，复合薄膜具有优良的阻气性、防潮性、保香性、防异味等。由于多数塑料薄膜均具有80%~90%的光线透射率，为减少透射率，可在包装材料中加入紫外线抑制或者通过印刷、着色来减少光线透射率。另外，可采用以铝箔或真空镀铝膜为基础材料的复合材料进行遮光包装。铝箔复合包装袋用金属铝压制而成，其金属阻隔性能复合塑料薄膜实用性很强基本达到茶叶的保香要求。复合薄膜袋包装形式多种多样，有三面封口形、自立袋形、折叠形等。包装由于复合薄膜袋具有良好的印刷性，用其做销售包装设计，对吸引顾客、促进茶叶销售更具有独特的效果。

（5）纸袋包装。又称为袋泡茶，这是一种用薄滤纸为材料的袋包装，用时连纸袋一起放入茶具内。用滤纸袋包装的目的主要是为了提高浸出率，另外也使茶厂的茶末得到充分的利用。

由于袋泡茶有冲泡快速，清洁卫生、用量标准，可以混饮，排渣方便，携带容易等优点，适应现代人快节奏的生活需要，在国际市场上很受青睐。

（三）茶叶贮藏

茶叶吸湿及吸味性强，很容易吸附空气中水分及异味，若贮存方法稍有不当，就会在短时期内失去风味，而且愈是清发酵高清香的名贵茶叶，愈是难以保存。通常茶叶在贮放一段时间后，香气、滋味、颜色会发生变化，原来的新茶叶消失，陈味渐露。因此，掌握茶叶的贮藏方法保证茶叶的品质是生活中必不可少的。

1. 贮藏条件

（1）温度。温度对绿茶品质影响很大。温度越高，化学反应的速度越快，绿茶的色泽和汤色就会由绿色变褐色，陈化作用加剧，使茶叶产生陈味。在一定范围内，温度每升高10℃，绿茶色泽褐变速度要增加3~5倍。因此，低温冷藏是名优绿茶保鲜的最有效办法，名优绿茶宜在0~7℃环境下贮存。

（2）含水量与相对湿度。茶叶很易吸湿，所以茶叶包装与贮存过程的环境必须干燥。茶叶含水量愈高，茶叶陈化变质就愈快。要防止茶叶贮存过程中变质，茶叶含水量必须保持在7%以内。但茶叶在贮存期间含水量的变化，除受茶叶本身含水量的影响外，还受周围空气的相对湿度影响。研究表明，在贮存期间，茶叶吸湿速率与所处环境的相对湿度有关。相对湿度在50%以上时，茶叶含水量将会显著升高。湿度大不仅影响茶叶色、香、味，而且会滋长霉菌，加速茶叶劣变。

（3）氧气。茶叶在贮存期间，茶叶中的有效成分，如茶多酚、维生素C、类脂等物质会缓慢氧化，这对茶叶的品质是不利的。因此，茶叶贮存期间最好隔绝空气，防止和减缓氧化反应。近年来，我国的部分商品茶销售包装已开始采用除氧、真空充氮包装。

（4）光线。光能促进植物色素和脂类物质氧化。茶叶在直射光下贮存，不仅色泽发黄，还会产生不良气味。某些物质会发生光化反应产生有日晒味的戊醛、丙醛、戊烯醇等，加速茶叶陈化。生产上，宜采用不透光的材料或容器包装茶叶，并避免在强光或光线直射下贮存。

此外，由于茶叶中含有棕榈酸和萜烯类化合物，这类化合物具有很强的异味吸收能力。因此，不能将散装茶叶或一般包装的茶叶同有异味的物品混放在一起，也不能将茶叶存放在樟木箱等有气味的盛器内。

2. 贮藏技术

（1）冷藏保鲜。冷藏不仅可使茶叶处于低温条件，而且库内避光，空气相对湿度也容易控制，因而可以显著延长绿茶的新鲜度和保质期。冷藏保鲜目前已在名优绿茶生产端和销售端广泛使用。

绿茶冷藏的工作温度通常以0~7℃为宜，空气相对湿度应控制在较低水平上，当使用过程中库内湿度超过65%时，应及时换气排湿。春季名优绿茶应于5月中下旬前入库，宜早不宜迟。冷藏茶叶应选用密封性能高的包装材料。同时，尽可能避免在高温季节频繁出库，出库后切忌立即打开，应让冷藏茶叶有一个"感温"过程，即将密封包装的茶叶在阴凉处放置一段时间，使其与外界温度相适应。

（2）真空包装保鲜法。真空包装是采用真空包装机将袋内空气抽出后即封口，使包装袋内形成真空状态，从而阻滞茶叶氧化，到达保鲜的目的。

由于茶叶疏松多孔，表面积较大，且由于设备操作因素，一般很难将空气完全排尽，同时真空状态的包装袋收缩成硬块状，对名优绿茶的外形完整性会产生一定的影响。不管是充氮包装还是真空包装，选用的包装容器必须是阻气（阻氧）性能好的铝箔或其他2层以上的复合膜材料，或铁质、铝质易拉罐包装。

（3）抽气充氮包装保鲜法。抽气充氮包装是采用惰性气体（如二氧化碳或氮气）来置换包装袋中的空气，取代活性很高的氧气，阻滞茶叶有效成分的氧化反应，防止茶叶陈化和劣变。另外，惰性气体本身也具有抑制微生物生长繁殖的功能。

充入惰性气体后，包装袋略为膨胀，体积增大，导致外包装箱的体积增加。膨胀包装袋承受重压易破裂漏气，从而失去保鲜作用。

（4）脱氧包装保鲜法。脱氧包装是指采用气密性良好的复合膜容器，装入茶叶后加入一小包脱氧剂（或称除氧剂），然后封口。脱氧剂是经特殊处理的活性氧化铁，该物质在包装容器内可与氧气发生反应，从而消耗掉容器内的氧气。该法使用简便，保鲜效果好。

（5）石灰除湿保鲜法。石灰除湿保鲜法是民间传承的一种有效方法，目前在名优绿茶生产厂家、经营单位及家庭中仍普遍采用。用陶土缸或铁质箱贮存，在底部放一定量的生石灰，茶叶用牛皮纸包装好，置于缸或箱内，缸口或箱口用密封性好的复合薄膜或其他无毒、无味的材料捆扎密封即可，如缸口小的话也可用沙袋密封。此法利用生石灰具有较好的吸水性能，能吸附茶叶中的水分及容器内的潮气，从而使茶叶含水率降低或保持在7%以下，容器内相对湿度低于60%，而且由于容器内的湿度较低，因而其温度也较通常气温低3~8℃。名优绿茶在这样一个低温、低湿条件下，可以在一定时间内保持新鲜状态。

石灰除湿保鲜法的优点是投资少、效果明显，不仅可吸附茶叶中的水分，而且还可去除新茶中的高火味，非常适合小批量名优绿茶的贮存；缺点是要经常更换石灰，否则名优绿茶的色泽易产生黄变。

（6）家庭茶叶贮藏方法。

①铁罐贮藏法：选用市场上供应的马口铁双盖彩色茶罐做盛器。贮存前，检查罐身与罐盖是否密闭，不能漏气。贮存时，将干燥的茶叶装罐，罐要装实装严。这种方法采用方便，但不宜长期贮存。

②热水瓶贮藏法：选用保暖性良好的热水瓶作盛具。将干燥的茶叶装入瓶内，装实装足，尽量减少空气存留量，瓶口用软木塞盖紧，塞缘涂白蜡封口，再裹以胶布。由于瓶内空气少，温度稳定，这种方法保持效果也较好，且简便易行。

③陶瓷坛贮存法：选用干燥无异味，密闭的陶瓷坛一个，用牛皮纸把茶叶包好，分置于坛的四周，中间嵌放石灰袋一只，上面再放茶叶包，装满坛后，用棉花包紧。石灰隔1~2个月更换一次。这种方法利用生石灰的吸湿性能，使茶叶不受潮，效果较好，能在较长时间内保持茶叶品质。

④食品袋贮藏法：先用洁净无异味白纸包好茶叶，再包上一张牛皮纸，然后装入一只无空隙的塑料食品袋内，轻轻挤压，将袋内空气挤出，随即用细软绳子扎紧袋口，另取一只塑料食品袋，反套在第一只袋外面，同样轻轻挤压，将袋内空气挤压出去，再用绳子扎紧口袋，最后把它放进干燥无味的密闭的铁桶内。

⑤干燥剂贮存：使用干燥剂，可使茶叶的贮存时间延长到一年左右。选用干燥剂的种类，可依茶类和取材方便而定。贮存绿茶，可用块状未潮解的石灰；贮存红茶和花茶，可用干燥的木炭；有条件者，也可用变色硅胶。用生石灰保存茶叶时，可先将散装茶用薄质牛皮纸包好（以100~250克成包），捆牢，分层环列于干燥而无味完好的坛子或无锈无味的小口铁筒四周，在坛和筒中间放一袋或数袋未风化的生石灰，上面再放茶叶数小包，然后用牛皮纸、棉花垫堵塞坛或筒口，再盖紧盖子，置于干燥处贮藏。一般1~2个月换一次石灰，只要按时更换石灰，茶叶就不会吸潮变质。木炭贮茶法，与生

石灰法类似。变色硅胶干燥剂贮茶法，防潮效果更好。其贮藏方法，与生石灰、木炭法类同，唯此法效果更好，一般贮存半年后，茶叶仍然保持其新鲜度。变色硅胶未吸潮前是蓝色的，当干燥剂颗粒由蓝色变成半透明粉红色时，表示吸收的水分已达到饱和状态，此时必须将其取出，放在微火上烘焙或放在阳光下晒，直到恢复原来的色时，便可继续放入使用。

二、扁形茶加工机械

（一）全自动扁形茶炒制机

全自动智能扁形茶炒制机系列产品是在现有扁形茶炒制机的基础上，通过微电脑控制程序，将下叶、杀青、理条、压扁、成形、炒干、磨光等人工手动操作的工序，经设定的控制程序由单锅或三锅来分步完成。该控制程序能精确控制青叶下叶量、锅内温度、杀青时间、炒板下压量、自动出叶、自动清理压板、自动加茶粉等多种功能，是高中档扁形茶连续炒制作业的智能全自动设备，也是对目前市场上正在销售和使用的扁形茶炒制机的一次革新。用户只需根据不同的鲜叶和第一次手动炒制操作的认可度、对每道工序在微电脑程序中逐一进行设定并确认后，即可开始自动炒制茶叶。智能全自动扁形茶炒制机大大减轻了茶农的劳动强度，实现了名茶机械化、自动化连续炒制；一人可以同时管理和操作多台茶机，节省了劳动力，提高了茶叶品质，减少了茶叶炒制过程中的二次污染，解决了茶叶炒制季节劳动力紧张的矛盾。

以浙江上河茶叶机械有限公司制造的6CCB-801ZD全自动智能扁形茶炒制机为例。

1. 主要技术参数

该机外形尺寸1 250毫米×850毫米×1 200毫米，槽锅尺寸780毫米×460毫米×225毫米，整机质量150千克，槽锅数1槽，炒手回转半径230毫米，主电机功率0.75千瓦，辅助电机总功率0.09千瓦，电热功率5千瓦；电加热。耗电率≤8千瓦/时，产量≥0.35千克/时。

2. 电器接线图

全自动智能扁形茶炒制机电器接线图见图3-1。

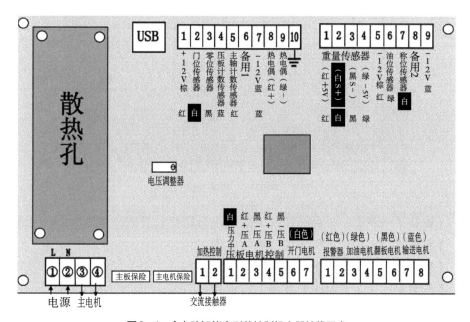

图3-1 全自动智能扁形茶炒制机电器接线示意

3. 机器安装

（1）安装。选择平整的场地，使整机摆放平整。线路电压为三相四线220（380）V或单相220 V，用户输电线必须有足够的负载能力，由专业电工接好电源线，并接好接地线。

（2）开机。按【自检】键，系统开始自检复位（屏幕下方有提示），大约30~60秒，听到"嘀"一声后，自检完毕，系统进入正常程序（如果出现故障，则蜂鸣器连续鸣叫，同时显示相应的故障）。

操作面板各按键功能（图3-2）：

【F1—F4】：炒茶程序选择与设定键，可以存4个程序，由操作者自行设定。

【方向键】：移动光标。

【菜单】：进入菜单界面和菜单窗口内的确认功能。

【设定】：进入杀青、理条、压扁、成形、炒干、出茶各炒制步骤参数设定,设定参数包括转速、压力、重量、状态、温度、加油次数等。

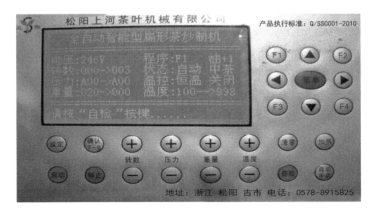

图3-2 屏幕按键

[**确认下一步**]:对当前炒茶的参数进行确定,并进入下一步参数设置。

[**转数+、-**]:对转速加减进行设置。

[**重量+、-**]:对重量加减进行设置。

[**压力+、-**]:对压力加减进行设置。

[**温度+、-**]:对温度加减进行设置。

[**清零**]:称重标定时的清零功能。

[**加热**]:开始加热或关闭加热。

[**启动**]:参数设置完毕后开始炒茶。

[**停止**]:停止炒茶。

[**自检**]:开机时按自检,系统进入自检程序(称重标定时的500克重量标定功能)。

[**自动、手动**]:切换手动模式和自动模式。

(3)菜单。按下[**菜单**]键出现如下界面(图3-3)。

图3-3 按下菜单键出现的界面

（4）参数设置。按下参数设置，出现加油方式、控温方式、压力使用、启动方式、压板回零、茶叶选择、最大压力选项。

[加油方式]：按"◀▶"方向键来设置加油次数，可以设置0~9锅加油1次或每锅加0~3次。

[控温方式]：按"◀▶"方向键来设置控温方式，可以选择恒温控制或多段控温。

[压力使用]：按"◀▶"方向键来设置压力使用方式，可以选择正常控制或备用控制。

[启动方式]：按"◀▶"方向键来设置启动方式，可以选择冷锅启动或热锅启动。

[压板回零]：按"◀▶"方向键来设置压板回零周期，可以选择1~99或者不回零。

[茶叶选择]：按"◀▶"方向键来设置茶叶种类，小茶、中茶或大茶。

[最大压力]：按"◀▶"方向键来设置最大压力限制。

（5）调试机器。选择"调试机器"选项，按**[菜单]**键确定进入调试机器界面（图3-4），操作面板上的**[设定]**键为加油电机的启动或停止；**[确定]**键为称量斗电机的启动或停止；**[转+]**键为输送带的启动或停止；**[启动]**键为主轴的启动或停止；**[停止]**键为开门电机的启动或停止；**[手动]**键为报警器的启动或停止；**[加热]**键为加热管的开启或关闭。

图3-4 调试机器界面

重量标定：在调试机器状态下，先按1~2下**[清零]**，然后在称量斗上放上500克的砝码，按住**[自检]**键不放（2~3秒），当重量显示500克并同时听到"嘀"声长鸣时放开按键即可。

（6）系统设置。选择**[系统设置]**选项，按**[菜单]**键确定进入系统设置界面(图3-5)。

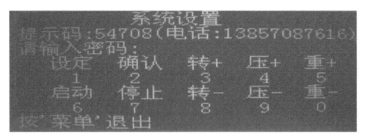

图3-5　系统设置界面

(7)帮助。选择【帮助】选项，按【菜单】进入帮助界面，有退出、注意事项、操作指南、故障排除、三包服务选项(图3-6)。

图3-6　帮助界面

①注意事项(图3-7)。

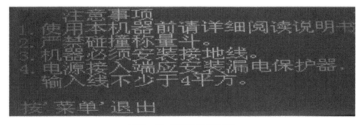

图3-7　注意事项界面

②操作指南(图3-8)。选择【操作指南】选项，按【菜单】确定进入操作指南界面，有加油管拆装、静态设定、动态设定、重量标定、手动炒茶、程序选择选项。

图3-8 操作指南界面

③加油管拆装（图3-9）。选择**[加油管拆装]**选项，按**[菜单]**键确定进入加油管拆装指导界面。

图3-9 加油管拆装界面

④手动炒茶（图3-10）。选择**[手动炒茶]**选项，按**[菜单]**键确定进入手动炒茶指导界面。

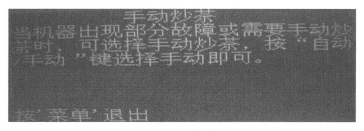

图3-10 手动炒茶界面

⑤程序选择（图3-11）。选择**[程序选择]**选项，按**[菜单]**键确定进入程序选择指导界面。

图3-11 程序选择界面

⑥故障现象及排除(图3-12)。按**[菜单]**键确定进入故障排除指导界面。

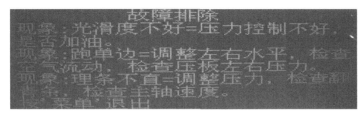

图3-12 故障排除

4．日常保养

及时清理电脑控制系统上的茶毛和灰尘,经常检查电器、电源线及机器内各连接线,做到连接牢固、可靠。每班次炒制结束后,先切断电源,并将机器清理干净。

添加茶油:向外拉出茶油管左侧红色手柄,抽出茶油管;取下茶油管左侧的闷头(带轴承),将粉沫状茶油过滤后加入管内(加装50%的量);装回闷头后左右摇均匀管内茶油;将茶油管右侧开口对准加油电机的销子,按拆下顺序装回。

作业3~5个班次后,应对传动皮带的松紧度进行检查,并及时调整其松紧度;并给传动部件加注润滑油。

每季作业完成后,应对机器进行彻底的清理、保养;传动部件加注润滑油,松弛传动皮带。保养完毕,放入有防潮、防雨、防尘措施的库内。减速器使用6个月后,需要更换一次齿轮油(150克)。

5．常见故障处理

（1）压板电机正转和反转故障。

◎压板电机线头松动或脱落；压板计数传感器问题；零位传感器故障或间隙太大；电机反转卡死，压力使用跟接线是否对应。处理方法：检查压板电机线头；调整传感器位置或更换传感器；调整零位传感器或者更换传感器；检查电机螺母是否卡死，检查压力使用A（正常）或B（备用）。

（2）主轴传动故障。

◎保险管烧坏；主轴电机损坏；线路连接不良；链条和皮带断裂或松弛；主轴记数传感器损坏或位置不当。处理方法：更换保险管；更换主轴电机；检查线路；更换链条或皮带；调整主轴计数传感器或更换传感器。

（3）出茶电机故障。

◎线路接触不良或电机损坏；传感器位置不当或损坏；开门凸轮松动。出茶门变形卡住。处理方法：检查线路或更换电机；调整传感器位置或更换传感器；调整开门凸轮或更换凸轮；调整出茶门使之平整。

（4）进料电机故障。

◎线路接触不良或电机损坏；传感器位置不当或损坏；称量斗安装位置不当。处理方法：检查线路或更换电机；调整传感器位置或更换传感器；调整称量斗安装位置。

（5）加油电机故障。

◎加油管没有安装；线路接触不良或电机损坏；传感器位置不当或损坏。处理方法：安装加油管；检查线路或更换电机；调整传感器位置或更换传感器。

（6）锅内加热异常。

◎加热线路损坏。处理方法：检查加热线路。

（7）称重故障。

◎称重线路故障；干扰；运输移动后导致秤不准。处理方法：更换电线或更换称重传感器；重启机器；用500克砝码重新标定。

（8）出锅不干净。

◎炒板弹簧断裂或松紧度不合适，压力使用不当。处理方法：检查炒板弹簧，调整压力螺杆，检查炒板是否灵活、平衡，出茶压力过大或过小。

（9）茶叶色泽不佳。

◎温度没有控制好。处理方法：茶叶偏黄温度太高；茶叶偏暗温度太低。

（10）茶叶跑单边。

◎水平度不好；空气流动过大。处理方法：调整左右水平度；检查空气流动。

（11）理条不直。

◎压力不合适。处理方法：调整压力，检查主轴速度，检查翻青条。

6. 安全防范

用户在选购、安装、使用本产品前，请务必详细阅读本说明书，以免发生差错。认真执行本机器使用与保养的规定和要求。对新机手要进行专门培训，不合格的机手不得操作本机器。

检查电源线是否完好，电源线不得有破损现象。产品所用电源为220（380）V，安装接线的线径应≥10平方毫米，直接从闸刀上接出。通电前，必须首先接好触电保护装置和接地线，且接地线牢固、可靠，确保用电安全。

开机前应确保锅内无杂物、灵活可靠、无异常声响，确保茶机运转正常。

操作时，不准穿着容易被卷入转动部件的宽松衣服作业，长发者须戴安全帽。使用时，操作人员不得离机，禁止触摸旋转部件、加热部位，不要在疲劳、酒后状况下继续操作机器，非操作人员不得使用机器。机器转动时，严禁将手和其他器具放入锅内；非操作人员和小孩不得靠近机器。在茶叶加工过程中，确需中途取样察看时，必须停机取茶，以防发生意外。

所使用机器时应有专人负责操作、检查与维护。检查与维护时，务必及时切断电源。作业时，遇到停电，务必立即切断电源，可使用摇手柄转动到适当的位置，取出锅内茶叶，用后必须取下手柄。炒制结束后要切断电源。

应经常检查机器及机器进户线的接头有无烧焦情况。因茶机的功率较大，进户线应采用专线专表。电气系统要经常维护、保养，发现电线损坏、老化要立即更换。除修理外，不得随意卸下安全防护罩壳，以免伤人。

（二）茶叶辉锅机

辉锅指的是扁形茶初制的最后一道工序，主要是对各类名优茶进行滚紧磨光，增加表面的光洁度，脱去茶叶表面毫毛，提高茶叶的色、香、味与干度，使在制品色泽达到规定的品质特征。茶叶辉锅机就是利用机械功能对茶叶进行扁形茶初制的最后一道辉锅工序，以达到减轻茶农劳动强度，节省人力，提高产量和质量的目的。

以新昌县畅久机械有限公司制造的6CHG-601茶叶辉锅机为例。

1. 主要技术参数

其外型尺寸1 380毫米×680毫米×1 080毫米；滚筒转速0~50转/分；电动机功率0.30千瓦；整机重量110千克；电热源功率/电压7千瓦/220 V；待辉干茶叶投入量≥5千克；辉干温度30~120℃。

2. 安装须知

该机器应在干燥室内使用，机器距周围物品和墙壁至少30厘米。禁止在暴晒和雨淋的情况下使用，禁止在灰尘多，有可燃气体的地方使用。该机可在周围环境温度低于40℃的环境下使用。

该机的输入电源外线线径应不小于4平方毫米。当输入电压低于185 V临界值时，不应开机使用，否则将导致电机和接触器等电器损坏。工作前，必须确信接好地线，以确保安全。

3. 操作使用

打开电加热开关，调整温控仪至100℃左右。待加热至100℃左右时，将滚筒口调至斜面上向滚筒内倒入茶叶约4千克。

将滚筒调至水平位置，盖上装盖子拨动电机倒顺开关，使电机顺转，即滚筒运转，转速按慢—快—慢进行调整，15~20分钟完成。

操作完成，迅速将滚筒调至出口向下倾斜位置，放好接茶器具，拨动电机倒顺开关使滚筒倒转，将筒内的茶叶倒转出。

4. 日常保养

每次使用前，应清除机器周围及茶锅内有妨碍运转之杂物。经常检查各部位螺栓之紧固情况，发现松动要及时拧紧。齿轮、齿条等运动部位要定期加润滑脂，其他运动部位要定期加润滑油。每年机器结束操作封存前，应在茶锅尚在热态时在锅内表面均匀涂上茶油防锈。

5.常见故障处理

(1)机器不运转。
◎没有电源。处理方法：检查闸刀熔丝和倒顺开关。
◎三角皮带或链条损坏断落。处理方法：更换三角皮带或链条。
◎带轮键销脱落。处理方法：紧配键销。
(2)同体转动出现卡滞现象。
◎锅固定架变形。处理方法：整形平整。
◎滑块松动卡住。处理方法：调整好后紧固。
◎滑内无油。处理方法：加滑润油。
◎滑块导向地位螺钉松动，有卡住现象。处理方法：调整好后坚固螺钉。
(3)电热温度不够。
◎电源电压不足。处理方法：检查接头。
◎接头接触不好。处理方法：接好线头。
◎电热元件损坏。处理方法：更换电热元件。

6.安全防范

机器运转时，严禁将手伸入筒内。电源输入端应安装漏电保护器，入地线必须合格安装。停电或线路故障，必须先关总电源后取茶叶。遇到雷电期间不准开机炒制。机器运转过程中听到不正常或异样的声音，请立即关闭电源检查。炒制完毕后，必须关闭电源。清除机体上的茶毫灰尘。

宽松拂袖衣服易发生意外，长发者须戴安全帽。禁止过度疲劳者使用机器。禁止儿童及未成年人操作本机。非操作人员不得随便转动机器。严禁在机器台面或护栏上放置物品或制茶工具。应经常检查螺丝是否松动。传动润滑部位定期加油。维修保养时必须关闭电源。

(三) 全自动智能茶叶理条机

全自动智能茶叶理条机是在现有普通理条机的基础上，通过微电脑控制程序，将下叶、杀青、理条、出锅等由人工手动操作的工序，经设定的控制程序来完成。该控制程序能精确控制青叶下叶量、锅内温度、杀青理条时间、锅体往复频率等多种功能，是高中档绿茶连续理条作业的全自动智能设备，用户只需根据不同的鲜叶和第一次操作的认可度,对每道工序在微电脑程序中逐一进行设定并确认后,即可开始自动作业。

1.6 CL-610/13ZD 型全自动智能茶叶理条机

6CL-610/13ZD 型全自动智能茶叶理条机由浙江上河茶叶机械有限公司制造。

(1)主要技术参数。外形尺寸2 100毫米×600毫米×11 800毫米,锅槽尺寸610毫米×90毫米×85毫米,槽数13槽,主电动机功率0.55千瓦,辅助电机总功率0.22千瓦,电热功率11千瓦,电加热;整机质量300千克,杀青理条小时生产率≥6.0,千瓦小时生产量≥0.8千克。

(2)电器接线图。全自动智能茶叶理条机电器接线图见图3-13。

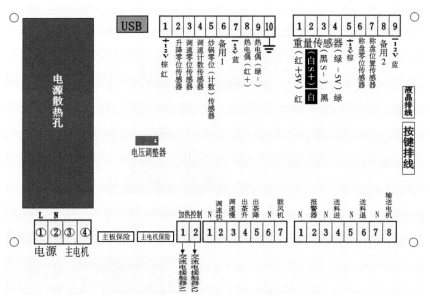

图3-13 全自动智能茶叶理条机电器接线示意

(3)操作使用。

①料斗安装:料斗安装见图3-14所示。斗左护板上中间的圆孔对上左支撑上的前面的孔,最右的圆孔对上左支撑的弧形孔,用螺丝锁紧。

如图3-15所示,斗右护板上中间的圆孔对上右支撑上的前面的孔,最右的圆孔对上右支撑的弧形孔,用螺丝锁紧。安装方法同(1)相同(图3-16)。

安装完毕后如图3-16所示。圆弧形孔上螺丝可以起到调整料斗的倾斜度,斜度大下料慢,斜度小下料快。

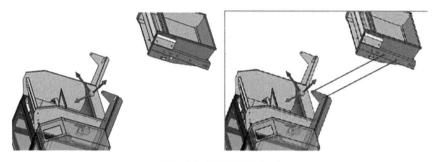

图3-14 料斗安装图(一)

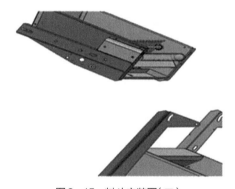

图3-15 料斗安装图(二)

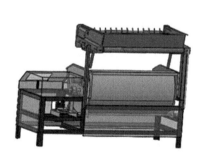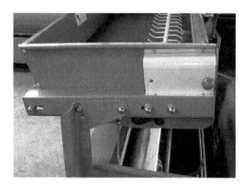

图3-16 料斗安装图(三)

②毛刷安装：毛刷安装如图3-17所示，配件箱内的毛刷安装在深色的摇臂上，毛刷上的孔对上摇臂上的孔，用M6螺丝锁紧，然后调整好合适的角度。安装完毕后如下右图所示。

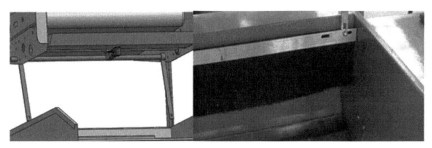

图3-17　毛刷安装

③控制器线路安装：控制器上端插口为低压电源，下端为高压电源，上下端的插座不能插错，否则会导致低压电源电器元件烧坏。

主轴电机、开门电机、压板电机及传感器电路安装：传感器插头10位，插入电脑板左上角插槽10位，如图3-18所示。安装完毕后如图3-19所示。操作时必须看清插头和插座位数，10位配10位。

图3-18　控制器线路安装图(一)

输送料斗上传感器和电机电路安装：传感器线路插头9位，插入电脑板右上角插槽9位。安装完毕后如图3-20所示。操作时必须看清插头和插座位数，9位配9位。

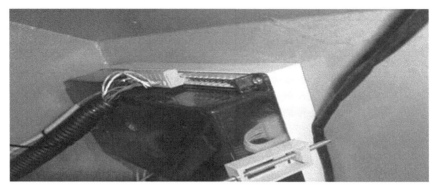

图3-19　控制器线路安装图(二)

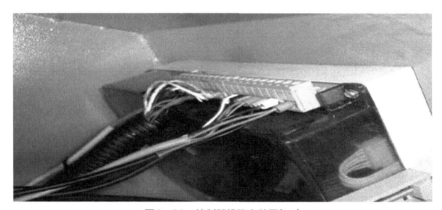

图3-20　控制器线路安装图(三)

料斗电机和警报器电路安装：电机及警报器线路插头8位，插入电脑板右下角插槽8位。安装完毕后如图3-21所示。操作时必须看清插头和插座位数，8位配8位。

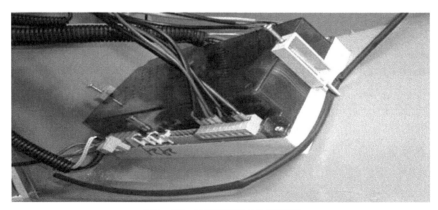

图3-21　控制器线路安装图(四)

电机线路安装：电机线路插槽7位，紧挨着料斗电机插槽，插入控制器下方插槽，如图3-22所示。安装完毕后如图3-23所示。操作时必须看清插头和插座位数，7位配7位。

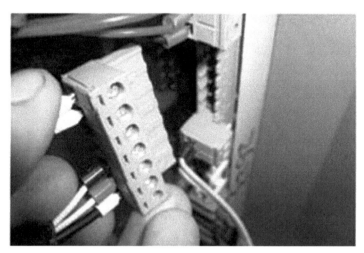

图3-22　控制器线路安装图(五)

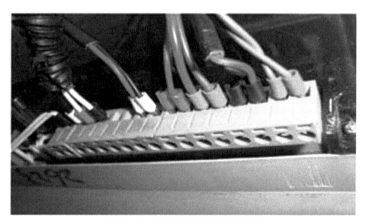

图3-23　控制器线路安装图(六)

电热控制交流接触器连接线安装：电热板导线安装在控制器左下方插槽（2槽），在插槽最末端。操作时必须看清插头和插座位数，2位配2位（图3-24）。

所有线路安装完成后如图3-25、图3-26所示。

图3-24 控制器线路安装图(七)

图3-25 控制器线路安装图(八)

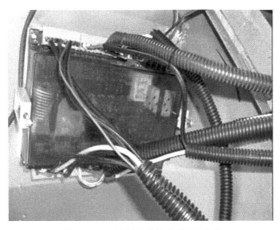

图3-26 控制器线路安装图(九)

（4）日常保养。及时清理电脑控制系统上的茶毛和灰尘，经常检查电器、电源线及机器内各连接线，做到连接牢固、可靠。每班次炒制结束后，先切断电源，并将机器清理干净。

添加茶油：向外拉出茶油管左侧红色手柄，抽出茶油管；取下茶油管左侧的闷头（带轴承），将粉状茶油过滤后加入管内（加装50%的量）；装回闷头后左右摇均匀管内茶油；将茶油管右侧开口对准加油电机的销子，按拆下顺序装回。

作业3~5个班次后，应对传动皮带的松紧度进行检查，并及时调整其松紧度；并给传动部件加注润滑油。

每季作业完成后，应对机器进行彻底的清理、保养；传动部件加注润滑油，松弛传动皮带。保养完毕，放入有防潮、防雨、防尘措施的库内。减速器使用6个月后，需要更换一次齿轮油（150克）。

（5）常见故障处理。

①压板电机正转和反转故障：

◎压板电机线头松动或脱落；压板计数传感器问题；零位传感器故障或间隙太大；电机反转卡死，压力使用跟接线是否对应。处理方法：检查压板电机线头；调整传感器位置或更换传感器；调整零位传感器或者更换传感器；检查电机螺母是否卡死，检查压力使用A（正常）或B（备用）。

②主轴传动故障：

◎保险管烧坏；主轴电机损坏；线路连接不良；链条和皮带断裂或松弛；主轴记数传感器损坏或位置不当。处理方法：更换保险管；更换主轴电机；检查线路；更换链条或皮带；调整主轴计数传感器或更换传感器。

③出茶电机故障：

◎线路接触不良或电机损坏；传感器位置不当或损坏；开门凸轮松动。出茶门变形卡住。处理方法：检查线路或更换电机；调整传感器位置或更换传感器；调整开门凸轮或更换凸轮；调整出茶门使之平整。

④进料电机故障：

◎线路接触不良或电机损坏；传感器位置不当或损坏；称量斗安装位置不当。处理方法：检查线路或更换电机；调整传感器位置或更换传感器；调整称量斗安装位置。

⑤加油电机故障：

◎加油管没有安装；线路接触不良或电机损坏；传感器位置不当或损

坏。处理方法：安装加油管；检查线路或更换电机；调整传感器位置或更换传感器。

⑥锅内加热异常：

◎加热线路损坏。处理方法：检查加热线路。

⑦称重故障：

◎称重线路故障；干扰；运输移动后导致称不准。处理方法：更换电线或更换称重传感器；重启机器；用500克砝码重新标定。

⑧出锅不干净：

◎炒板弹簧断裂或松紧度不合适，压力使用不当。处理方法：检查炒板弹簧，调整压力螺杆，检查炒板是否灵活、平衡，出茶压力过大或过小。

⑨茶叶色泽不佳：

◎温度没有控制好。处理方法：茶叶偏黄温度太高；茶叶偏暗温度太低。

⑩茶叶跑单边：

◎水平度不好；空气流动过大。处理方法：调整左右水平度；检查空气流动。

⑪理条不直：

◎压力不合适。处理方法：调整压力，检查主轴速度，检查翻青条。

（6）安全防范。用户在选购、安装、使用本产品前，请务必详细阅读本说明书，以免发生差错。认真执行本机器使用与保养的规定和要求。对新机手要进行专门培训，不合格的机手不得操作本机器。

检查电源线是否完好，电源线不得有破损现象。产品所用电源为220（380）V，安装接线的线径应≥10平方毫米，直接从闸刀上接出。通电前，必须首先接好触电保护装置和接地线，且接地线牢固、可靠，确保用电安全。

开机前应确保锅内无杂物、灵活可靠、无异常声响，确保茶机运转正常。

操作时，不准穿着容易被卷入转动部件的宽松衣服作业，长发者须戴安全帽。使用时，操作人员不得离机，禁止触摸旋转部件、加热部位，不要在疲劳、酒后状况下继续操作机器，非操作人员不得使用机器。机器转动时，严禁将手和其他器具放入锅内；非操作人员和小孩不得靠近机器。在茶叶加工过程中，确需中途取样察看时，必须停机取茶，以防发生意外。

所使用机器时应有专人负责操作、检查与维护。检查与维护时，务必及时切断电源。作业时，遇到停电，务必立即切断电源，可使用摇手柄转动到适当的位置，取出锅内茶叶，用后必须取下手柄。炒制结束后要切断电源。

应经常检查机器及机器进户线的接头有无烧焦情况。因茶机的功率较大，进户线应采用专线专表。电气系统要经常维护、保养，发现电线损坏、老化要立即更换。除修理外，不得随意卸下安全防护罩壳，以免伤人。

2.6CL-12-80型茶叶理条多用机

6CL-12-80型茶叶理条多用机由缙云县非凡机械制造有限公司制造。

（1）主要技术参数。外形尺寸2 415毫米×1 200毫米×800毫米，锅槽尺寸800毫米×113毫米×90毫米，槽数12槽，槽锅面积1.08平方米，主电动机功率0.75千瓦，整机质量500千克，加热型式为燃气，鲜叶小时生产率≥20千克，每小时耗气量1.8千克，调速方式为自动变频调速或机械调速，出料方式自动。

（2）结构及工作原理。

①结构：6CL-12-80型茶叶理条多用机由主电机、偏心轮、传动轮、连杆轴承注油孔、油槽、升降机构、理条锅槽等组成（图3-27）。

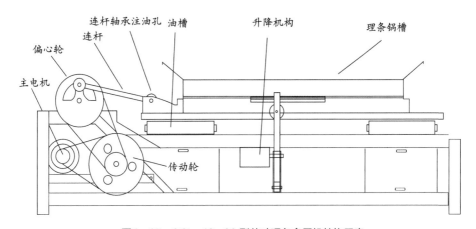

图3-27 6CL-12-80型茶叶理条多用机结构示意

②工作原理：6CL-12-80型茶理条多用机是电机通过皮带传动带动偏心轮，偏心轮由连杆带动锅体，而锅体采用滑杆、滑套，实现往复运动。根据以往机型不能调速的问题，结合用户的反馈，该机实现了往复运动的无级调速，方便用户根据制茶工艺的不同阶段进行速度调节（图3-28）。

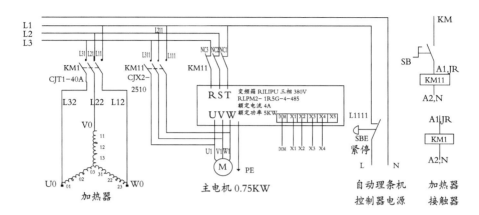

图3-28 6CL-12-80型茶叶理条多用机电器原理

(3)机器安装。选择平整干净的场地,调节地脚螺丝把机械摆平、摆稳后再把地脚螺帽向上锁紧。线路电压为三相四线380V或单相220V,用户输电线必须有足够的负载能力,由专业电工接好电源线,并接好接地线。

在油槽和注油口内注入足够的润滑油,使油面不得低于4/1导柱线以下。经常注意皮带的松紧度,保持"下松上紧"的状态(即电机上的皮带要松带动理条槽的皮带要紧,手压1~2厘米)。

(4)操作指南。待机状态,调整杀青、理条、成型、炒干大致所需温度。

第一步:按【主电机】【温控1.2.3.4】,开始点火或加热,煤气机型必须先点火再开煤气,锅开始运行。

第二步:看炉子火是否正常燃烧,确定正常没问题然后关闭【温控1.2.3.4】,看小火是否熄灭,如有熄灭调高气压。小火最佳状态为小而不灭。

第三步:打开温控1,杀青温度提100℃,开始按自动开始进料。然后锅里茶叶进到那段开启相应的段温控(本机器采用4段温控)。

第四步:调整机子进茶口的水平高度,按【上升与下降】,进茶高为进茶叶不堆积,出来茶干适合为准。

第五步:调整进茶速度,以进茶口茶叶不堆积,出来茶干适合为准。

第六步:调整各段【温度+-】。理条温度以茶叶不起泡,能成形,能高则高,成形温度不影响成形,能高则高,炒干温度以茶炒干而不焦。

按【进料电机调速开关】,调整茶叶进料。以实际要求为准。在锅原料数量越多条形越紧,色稍差;在锅原料数量越少条形稍松,色越好。

按【上升下降】，调整锅槽水平高度，按上升使进茶口高度升高，按下降使进茶口高度降低。进茶口高度升越高出茶越快，进茶口高度越低出茶越慢。

（5）维护保养。各润滑部位要勤加适量润滑油。在工作过程中，如发现有卡阻、碰撞或异常声响现象时，应立即停机检查并排除故障，严禁带病运行。经常检查传动部件，及时调整三角皮带的松紧程度，如有毁损，及时更换。活杆、活套、连杆销轴使用时经常加油。电动机轴承、上下传动轴、轴承在使用一段时间后加注黄油。

茶季结束后，应对机器作全面的维护保养，罩好防尘罩，放置于干燥通风处。

（6）常见故障处理。

①主电机不走与声音异常：

◎电机电源缺相。处理方法：检查电源、更换主电机。

②排齿走输送带不走：

◎输送传动。处理方法：检查输送电机与调节输送带松紧。

③前输送带走后不走：

◎后输送开关。处理方法：更换光电开关或并接应急。

④温度异常：

◎加热零件损坏。处理方法：调整或更换加热零件。

⑤机器声音异常：

◎皮带与传动轴承损坏。处理方法：调整或更换皮带和传动轴承。

⑥机器摇晃：

◎地脚不平。处理方法：调整地脚螺丝。

⑦主电机不走与无法调速：

◎调速零件损坏。处理方法：调整或更换调速开关与变频器。

⑧输送太慢与不均匀：

◎前排齿高度太低与高度异常。处理方法：调整前排齿高度。

⑨控制面板无显示：

◎复位开关损坏。处理方法：调整或更换复位开关。

（7）安全防范。用户在选购、安装、使用本产品前，请务必详细阅读本说明书，以免发生差错。认真执行本机器使用与保养的规定和要求。对新机手要进行专门培训，不合格的机手不得操作本机器。

检查电源线是否完好，电源线不得有破损。产品所用电源为220（380）

V，安装接线的线径应≥10平方毫米，直接从闸刀上接出。通电前，必须首先接好触电保护装置和接地线，且接地线牢固、可靠，确保用电安全。

开机前应确保锅内无杂物、灵活可靠、无异常声响，确保茶机运转正常。

操作时，不准穿着容易被卷入转动部件的宽松衣服作业，长发者须戴安全帽。使用时，操作人员不得离机，禁止触摸旋转部件、加热部位，不要在疲劳、酒后状况下继续操作机器，非操作人员不得使用机器。机器转动时，严禁将手和其他器具放入锅内；非操作人员和小孩不得靠近机器。在茶叶加工过程中，确需中途取样察看时，必须停机取茶，以防发生意外。

所使用机器时应有专人负责操作、检查与维护。检查与维护时，务必及时切断电源。作业时，遇到停电，务必立即切断电源，可使用摇手柄转动到适当的位置，取出锅内茶叶，用后必须取下手柄。炒制结束后要切断电源。

应经常检查机器及机器进户线的接头有无烧焦情况。因茶机的功率较大，进户线应采用专线专表。电气系统要经常维护、保养，发现电线损坏、老化要立即更换。除修理外，不得随意卸下安全防护罩壳，以免伤人。

（四）茶叶自动化生产加工流水线

茶叶加工过程中，如果采用人工给加工机械添加原材料，工作量繁重且安全隐患大；现有茶叶加工机械都是单机机械，许多环节都需手工操作，人工成本高；炒茶过程完全按工人经验控制，加工出的茶叶一致性较差。单机生产的落后作业状态已无法适应茶叶生产发展需求，目前研发生产的智能扁形茶连续化加工成套设备，不仅保证了茶叶质量卫生安全水平，符合清洁化、规模化生产要求，提高了生产效率和茶叶品质与效益，可较大地节约人工成本，减少了茶叶加工过程的二次污染，有效推进了大宗茶的优质化生产。

智能扁形茶连续化加工成套设备将自动青叶摊青机、全自动智能茶叶理条机、全自动智能扁形茶炒制机、提升分料机、智能送料车、茶叶输送带等单机茶叶加工机械组合成生产线，采用微电脑控制茶叶炒制过程，能精确控制茶青的进料量、锅内温度、运行速度、杀青时间，能自动出茶，同时在开机时能自检各传动部件运转是否正常，并具有停机自动复位、缺料自动报警、延时自动停机等功能，集茶叶杀青、理条、压扁、炒干为一体，实现连续作业的全自动智能茶叶炒制设备，只需设定好预先的参数即可控制整个流程的茶叶加工。

扁形茶机械加工工艺流程：

鲜叶→自动摊青→杀青理条→提升分选→提升分料→一道压扁成形→提升分料→二道压扁炒干→辉干→成品。

（五）茶叶智能色选机

茶叶色选机是指利用茶叶中茶梗、黄片与正品的颜色差异，使用高清晰的CCD光学传感器对茶叶进行精选的高科技光电机械设备。与人工挑选相比，省工、省时、效率高、加工成本低。

以安徽捷迅光电技术有限公司制造的DF12茶叶智能色选机为例。

1. 主要技术参数

外形尺寸1 530毫米×1 900毫米×1 550毫米，质量450千克，主电机功率0.84千瓦，色选精度≥99%。

2. 工作原理

茶叶从顶部的料斗进入机器，通过振动器装置的振动，被选物料沿通道下滑，加速下落进入分选室内的观察区，并从传感器和背景板间穿过。在光源的作用下，根据光的强弱及颜色变化，使系统产生输出信号驱动电磁阀工作，吹出异色茶叶到接料斗的废料腔内，而好的茶叶继续下落到接料斗成品腔内，从而达到选别的目的。

3. 开机与关机

（1）开机准备。清除分选室玻璃和通道上的残留物，使之清洁。将空压机开启，达到额定压力0.6~0.8兆帕。观察色选机上的气压表，工作气压在0.25~0.3兆帕。

确认主机电源电压为380 V±5 V(火线、零线、地线需连接正确)。新机使用时将摄像头上的镜头盖拆除。

（2）开机步骤。按机器盖板上的**[绿色按钮]**，色选机上电开始运行。如果色选机需要注册，则如图3-29所示，相关注册信息请联系厂家咨询，如果已经注册，则进入如图3-30界面。

图3-29 注册界面

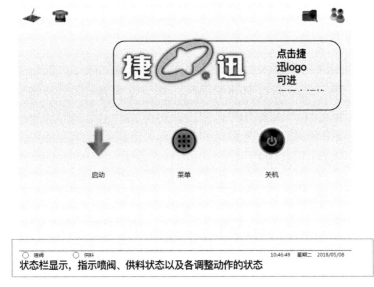

图3-30 工作界面首页

输入注册码后，点击[确定]进入工作界面首页，如图3-30所示。状态栏显示，指示喷阀、供料状态以及各调整动作的状态。

点击**【启动】**，图3-30所示状态栏中喷阀及供料指示灯变为红色，色选机喷阀及振动器开始工作。

点击左上角 图标，可显示相机及端口连接情况。

点击左上角电话图标，可查询该公司服务热线。

点击右上角 图标，可进入配方选择界面，如图3-43所示。

（3）关机步骤。点击**【停止】**，色选机喷阀及振动器停止工作。

点击**【关机】**按钮，界面弹出保存参数提示信息，如图3-31所示。点击**【确定】**，界面弹出关机提示信息，如图3-32所示。

图3-31 保存参数提示

图3-32 关机提示

点击**【确定】**，则进行参数保存，下次开机是此次关机的参数；点击**【取消】**则不进行参数保存，下次开机是之前保存的参数。

色选机关机后，机器将进行自动关机，等待几秒后，如机器还有电，请按机器盖板上**【红色按钮】**进行手动关机。

4. 系统菜单

点击图3-30中的**[菜单]**按钮,进入如图3-33的系统菜单界面。

(1)权限进入。点击图3-33中右上角 ![] 按钮,输入密码进入相应权限:

图3-33 系统菜单(监管员界面)

0级权限 操作员　　　密码:0(默认)

1级权限 监管员　　　密码:年月日(固定8位)

(2)感度调节。点击图3-33中**[感度调节]**按钮,进入感度调节界面,如图3-34所示。

点击图中参数框,可对参数进行编辑以获得良好的色选效果。

点击图中红色方框ABCDEF区域可选择色选模式,如图3-35,A~F至少选择其一。如果当前安装位置存在红外相机,则红外模式为N(NIR)。

[整机调整]此按键为数据调整方式,色选机一般有多组通道,整机调整表示多通道同时调整,**[精细调整]**表示为某组通道单独调整。

点击图3-34中的**[智能预演]**,进入智能预演界面,如图3-36。

点击**[启动]**可以动态查看物料下料,点击**[智能分析]**可对物料进行分析。使用智能分析功能,物料的优劣可直接反映在物料图像中,可方便、有效的在图像中直接选取,并得出相应的色选参数,详细使用方法可咨询制造厂家专业的工程师。

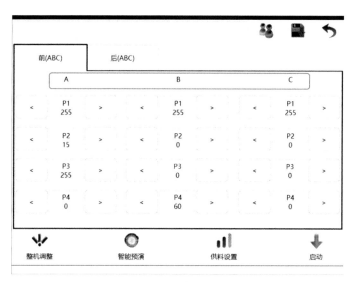

图3-34 感度调节界面

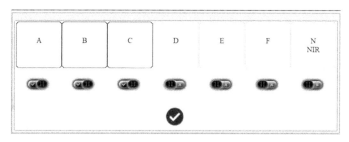

图3-35 配模式选择

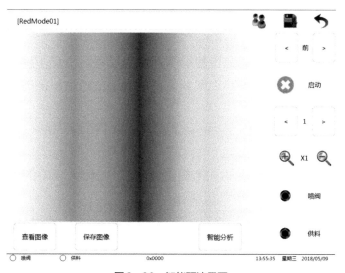

图3-36 智能预演界面

（3）清灰设置。点击图3-33中的**[清灰设置]**按钮，进入清灰设置界面，如图3-37所示。在该界面中，可以设置清灰时间以及清灰周期，也可以进行手动清灰。

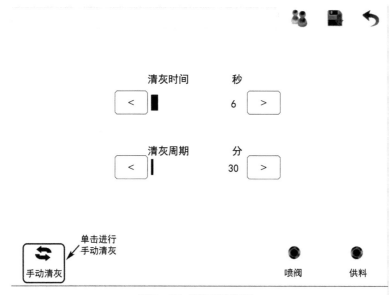

图3-37 清灰设置界面

[清灰时间]：单次清灰的时长（如果清灰时间过短，会出现清灰不完全的情况）。**[清灰周期]**：相邻两次清灰的时间间隔。

（4）供料设置。点击图3-33中**[供料设置]**按钮，进入供料设置界面。如图3-38所示。

在供料设置中的下料调节设置框中，每组设置对应相应振动器，数值越大，振动量越大，下料越多；在喂料调节中调节的是喂料器的喂料量，值越大，喂料量越多。

（5）配方选择。点击图3-33中**[配方选择]**按钮，进入配方选择界面。如图3-39所示。

当列表中存在配方时，点击**[调用配方]**，则配方中将的参数调用到软件中；点击**[另存配方]**，可以重新保存参数。

（6）喷阀检测。点击图3-33中的**[喷阀检测]**按钮，进入喷阀检测界面。如图3-40所示。

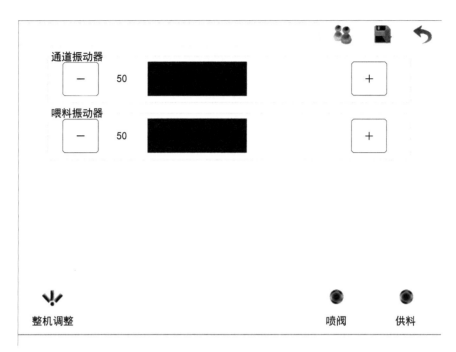

图3-38 供料设置界面

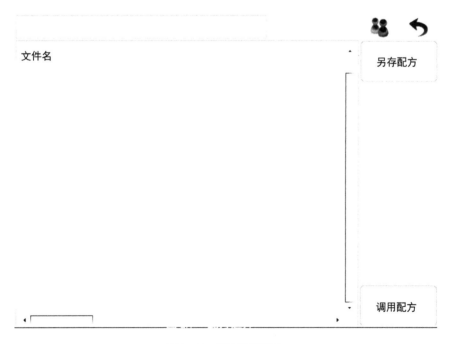

图3-39 配方选择界面

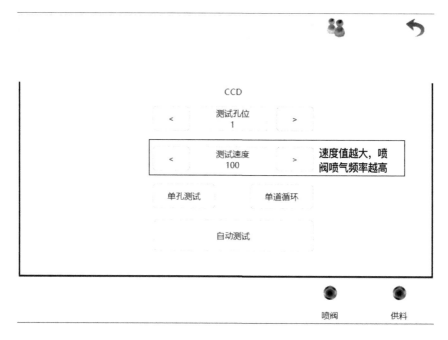

图3-40 喷阀检测界面

以上图示作示例,实际情况根据机型不同将显示不同的tab选择按键和通道序号切换按键,此界面进入,喷阀将自动开启。

在喷阀检测中可以对前、后侧的喷阀进行检测,也可以按照自动测试、单孔测试、单道循环三种模式进行检测。

(7)系统配置。点击图3-33中的**[系统配置]**按钮,进入系统配置界面。如图3-41所示。

常规设置→设备管理器(通用串行总线控制器,查看USB接口相机设备驱动信息)。

常规设置→Desktop(返回后台WES7系统桌面,触控校准或安装一些附属软件或其他的一些操作)。

常规设置→相关信息(添加或删除一些信息)。

常规设置→语言设置,如图3-42。

字体大小修改(对应修改当前使用的语言,默认储存3种不同数值)。

字体选择(对应修改当前使用的语言,默认储存3种不同数值)。

图3-41 系统配置界面

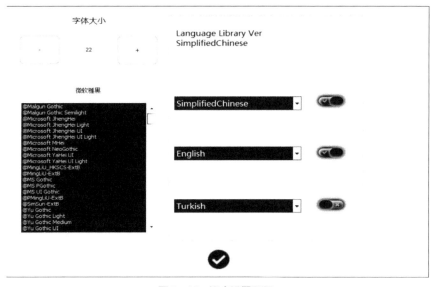

图3-42 语言设置界面

语言库版本显示：预设3种语言可自由选择（主界面点击logo），并有开关对应显示/隐藏（储存3种不同数值）导出语言库将languagelib.dat

文件复制到 U 盘根目录导入语言库将 U 盘中的 languagelib.dat 文件覆盖到程序目录下对应的文件。

常规设置→时间校正，如图 3-43。系统时间建议在安装 PC 操控程序之前进行校准。此处做备用按键，因为涉及一些软件内部信息，校准完毕，必须重新注册。

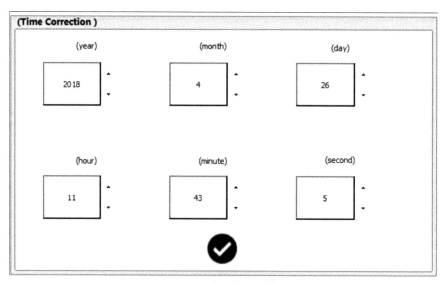

图 3-43　时间校正界面

故障码需要故障报警灯电路板配合使用，默认红色，可修改其他，建议使用红黄蓝。

（8）相机设置。点击图 3-33 中的 **[相机设置]** 按钮，进入相机设置界面。如图 3-44 所示。

[喷气延时]：物料滑落中由基准线位置（被镜头捕捉）滑至喷嘴处的时间。

[喷气时间]：喷嘴喷出气体的时长。

[相机增益]：相机自身属性。

[平移校正]：校准相机的视野范围以及角度。

CCD 设备为常规 USB 接口相机，NIR 设备为红外相机。以上参数请谨慎更改，由于增益及平移校正为设备固有参数，不建议客户调节。

（9）背景设置。点击图 3-33 中的 **[背景设置]** 按钮，进入背景设置界面。如图 3-45 所示。

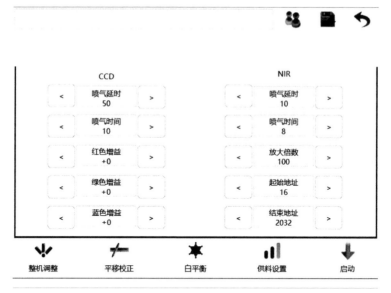

图3-44 相机设置界面

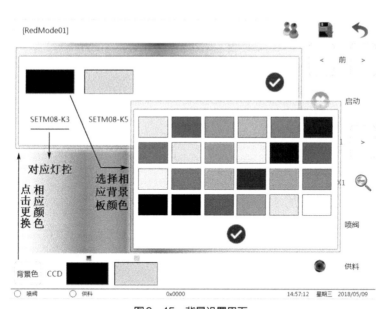

图3-45 背景设置界面

（10）灯控设置。点击图3-33中的**【灯控设置】**按钮，进入灯控设置界面。如图3-46所示。

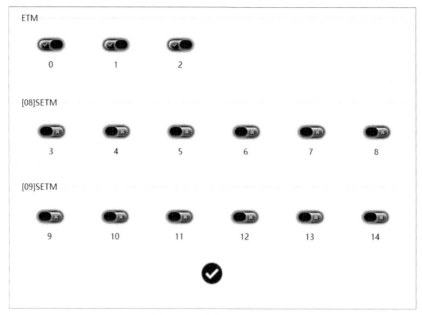

图3-46 灯控设置界面

备注说明：ETM：[0]K1、[1]K2、[2]K3。

[08]SETM：[3]K1、[4]K2、[5]K3、[6]K4、[7]K5、[8]K6（拨码号为08的传感器信号采集板）。

[09]SETM：[9]K1、[10]K2、[1]K3、[12]K4、[13]K5、[14]K6（拨码号为09的传感器信号采集板）。

5. 常见故障处理

（1）机器无法启动。

◎输入电压无。处理方法：检查输入电压。

◎总保险丝断。处理方法：更换保险丝。

（2）开机后无图3-33开机界面。

◎误操作所致。处理方法：通知售后处理。

（3）振动器不工作。

◎振动器保险丝断。处理方法：更换保险丝。

◎连接插头松动。处理方法：重新插牢。

◎气压调整不当或气压表坏。处理方法：重新调整气压或更换气压表。

（4）喷阀不工作。

◎喷阀板或继电器板上保险丝断。处理方法：更换。

◎喷阀电源没有接通。处理方法：重新按一次"喷阀"键。

◎喷阀电源坏。处理方法：更换。

（5）喷阀漏气。

◎阀内有异物或进水。处理方法：清理或更换。

◎气压不足。处理方法：与售后电话沟通。

（6）色选效果不好。

◎灯管老化。处理方法：更换。

◎参数调整不准确。处理方法：重新调整参数。

◎原茶含杂量或产量变大。处理方法：重新调整参数。

◎色选方式选择有误。处理方法：重新设置。

◎玻璃或镜头有灰尘覆盖。处理方法：检查清灰装置，并将玻璃和镜头上灰尘清扫干净。

◎个别阀不工作。处理方法：重新换阀或与售后电话沟通解决。

（7）灯不亮。

◎灯管、灯电源或灯保险丝坏。处理方法：更换。

（8）个别阀一直喷气。

◎杂质或水进入喷阀。处理方法：清理。

◎喷阀板坏。处理方法：更换。

（9）清灰故障。

◎清灰刷运行不到位。处理方法：更换刷子或更换弹簧或更换气缸。

◎气缸灰尘太多，摩擦力过大。处理方法：手动擦拭干净。

6. 安全防范

用户在选购、安装、使用本产品前，请务必详细阅读本说明书，以免发生差错。认真执行本机器使用与保养的规定和要求。对新机手要进行专门培训，不合格的机手不得操作本机器。

检查电源线是否完好，电源线不得有破损现象。产品所用电源为220（380）V，安装接线的线径应≥10平方毫米，直接从闸刀上接出。通电前，必须首先接好触电保护装置和接地线，且接地线牢固、可靠，确保用电安全。

开机前应确保锅内无杂物、灵活可靠、无异常声响，确保茶机运转正常。

操作时，不准穿着容易被卷入转动部件的宽松衣服作业，长发者须戴安全帽。使用时，操作人员不得离机，禁止触摸旋转部件、加热部位，不要在疲劳、酒后状况下继续操作机器，非操作人员不得使用机器。机器转动时，严禁将手和其他器具放入锅内；非操作人员和小孩不得靠近机器。在茶叶加工过程中，确需中途取样察看时，必须停机取茶，以防发生意外。

所使用机器时应有专人负责操作、检查与维护。检查与维护时，务必及时切断电源。作业时，遇到停电，务必立即切断电源，可使用摇手柄转动到适当的位置，取出锅内茶叶，用后必须取下手柄。炒制结束后要切断电源。

应经常检查机器及机器进户线的接头有无烧焦情况。因茶机的功率较大，进户线应采用专线专表。电气系统要经常维护、保养，发现电线损坏、老化要立即更换。除修理外，不得随意卸下安全防护罩壳，以免伤人。

附录　科学饮茶知识

茶不仅是一种饮料，更多的是一种清静、静心的精神象征。在漫长的社会发展过程中，茶的发现及饮用，证实了茶的兴奋、醒脑功能以及各种健身作用。无论是历史文人生活中的"琴棋书画酒诗茶"，还是平民百姓生活中的"柴米油盐酱醋茶"，茶都是不可缺少的。掌握和了解科学饮茶的知识，饮好茶，会饮茶，绝对有益于身心健康。

一、茶的功效

1. 抗氧化、抗衰老作用

生物体的自然衰老与退行性疾病的发生过程,都伴随着细胞受氧自由基的氧化损害。许多研究表明,茶多酚具有良好的抗氧化和清除自由基的功能,有效地保护生物细胞免受自由基的攻击和氧化损伤,使细胞寿命延长,这自然会延缓生物体的衰老速度。同时,茶叶中被证明具有抗氧化、抗衰老作用的贡献成分主要还有茶多糖、茶氨酸及各种维生素。

2. 抗突变、抗辐射作用

流行病学研究结果显示,绿茶能防止实性肿瘤的发生,尤其对非抽烟和饮酒人群效果更好;绿茶中的化学物质能减慢前列腺癌的发展速度,防止黑色素瘤皮肤瘤的形成,预防皮肤癌。绿茶能够提高卵巢癌妇女的生存率,并且有可能减少60%患子宫癌的概率;绿茶提取物可以阻碍结肠癌细胞激活和生长途径,最终抑制肿瘤细胞的生长。上海、浙江等大型医院均做过试验研究,饮茶频率高的人,患白血病的危险性越低。还有试验表明,红茶提取物可抑制化学剂诱导的皮肤癌。

3. 增强免疫力作用

人体的免疫力可分为血液免疫和肠道免疫。饮茶可以增加血液中血细胞和淋巴细胞的数量,从而提高血液免疫性。饮茶还可以增加肠道中的有益菌数量,减少有害菌的数量,从而提高肠道免疫功能。特别突出的茶叶成分是茶多糖。

4. 减肥降脂作用

近年来，流行病学、临床研究和动物试验均证实了茶叶的减肥作用。饮茶可以明显降低实验性高脂血症动物的血清总胆固醇、甘油三酯和低密度脂蛋白胆固醇，饮茶可以减少血液中葡萄糖、脂肪酸和胆固醇的浓度，抑制脂肪细胞中脂肪合成以及促进体内脂肪的分解代谢，达到减肥的效果。

5. 降压作用

据相关实验表明，茶色素（茶黄素）可以降低高血脂、动脉粥样硬化；茶氨酸能通过末梢神经或血管系统作用达到降压效果。

6. 降血糖作用

我国和日本民间都有泡饮粗老茶叶治疗糖尿病的历史，粗老茶叶多糖含量高。现代药理证明，茶多糖进入人体后，首先，可代替胰岛素促进糖的合成来降低血糖；其次，可清除体内自由基对胰岛素的损害，使胰岛素分泌增强，促进糖分解，降血糖；最后，抑制体内含糖酶的活性，减少人体内的碳水化合物，从而达到降血糖的作用。除茶多糖外，茶色素也有对糖尿病预防的作用。

7. 美容护肤作用

茶多酚是一种天然的抗氧化剂，清除自由基的能力大大超过目前已知抗氧化剂维生素C和维生素E，茶多酚可直接阻止紫外线对皮肤的损伤作用，其抗紫外线的能力超过维生素E；茶多酚还能抑制酪氨酶的活性，减少黑色素细胞的代谢强度，减少黑色素的形成，具有使皮肤美白的作用。

8. 抗龋齿作用

茶叶防龋的物质基础是氟和茶多酚。饮茶可以抑制口腔中龋齿分泌的一种酶，使得龋齿菌不能粘着在牙齿表面。茶叶中的氟还可以使牙齿的牙釉质更加坚固，而茶多酚能杀死龋齿菌。

二、基本要求

随着对于健康饮食这一观念的认识，人们已不满足于"喝香茶、喝好茶"这一基本要求，"泡茶讲技术，饮茶讲科学"这一观念已得到了饮茶者的日益重视。

1. 正确选择茶叶

应根据季节、气候及个人体质选择相应的茶叶，在选购时还应注意尽量选择品质优良同时又安全卫生的茶叶产品，如绿色食品茶或有机茶。生产绿色食品茶的生产单位，必须经申报，获得国家绿色食品管理机构批准，在生产全过程中进行严格的环境控制，制定相应的产品标准，并按标准进行生产和控制，保证最终的上市产品符合绿色食品的要求，并在产品包装上标示"绿色食品"标志。有机茶是指在无任何污染的茶叶产地，按有机农业生产体系和方法生产出鲜叶原料，在加工、包装、储运过程中不受任何化学物品污染，并经有机茶认证机构审查颁证的茶叶。

2. 用正确的冲泡方法泡茶

品饮一杯好茶，水质及水温、器皿、泡茶程序是除茶叶外的几个基本要素。"茶性必发于水"，而水又是决定茶汤滋味的最重要的条件。泡茶用水的温度不可一概而论，要根据茶叶的品种和老、嫩程度选择相适宜的温度。如果温度过高，茶汤颜色会变黄且暗，茶的芽叶被"烫熟"，维生素被大量破坏，营养价值降低，咖啡碱、茶多酚浸出很多，使茶汤产生苦涩味。而水沸腾过久，水中的二氧化碳挥发殆尽，泡茶的鲜爽味也大为逊色。反之，如果水温过低，则渗透性较低，茶叶中的有效成分难以浸出，茶味淡薄，同样会降低饮茶的功效。因此，要根据茶叶品种，尽量选择清冽的活水或卫生的净水，以适宜的温度进行冲泡。除水质和水温，还应对冲泡的时间、泡饮的器皿有所选择，以达到和茶叶相得益彰的效果。

3. 正确品饮一杯茶

一杯好茶在手，我们可以从茶汤的色、香、味，从叶底的姿和形来欣赏一杯茶的全部。不同的茶有不同的风味，或鲜醇爽口，或强烈浓厚，就连一种茶也有干茶香、热香和冷香多种不同的香气。

三、因人而异选茶

茶是保健饮料，喝茶有益于身体健康，但由于每个人体质不同、爱好不一、习惯有别。因此，适合喝哪种茶应因人而异。一般来说，初始饮茶者，或平日不大饮茶的人，最好品尝清香醇和的名优绿茶，如西湖龙井、黄山毛峰、信阳毛尖、庐山云雾、径山茶等。有饮茶习惯、嗜好清淡口味者，可以选择高档烘青和一些地方优质茶，如君山银针、霍山黄芽、旗枪、茉莉烘青等。喜欢茶味浓醇者，则以半发酵的乌龙茶为佳，如铁观音、武夷岩茶、台湾乌龙等。平时畏热的人，以选择绿茶为上，绿茶有清心润肺、生津利便的功效，喝了使人有清凉之感。绿茶"性寒"，不适合手足易凉、体寒的人饮用，这些人宜选择红茶为好，因为红茶茶性温，喝了有祛寒暖胃的功效。胃部常感不适或有胃病的，也应改喝绿茶的习惯为饮红茶，如饮用滇红、祁红等，还可以在茶汤中加些牛奶和糖之类。对于身体肥胖的人，饮去腻消脂功效的绿茶、乌龙茶及黑茶都适合。

四、根据季节用茶

一年四季，气候变化不一，不但寒暑有别，而且干湿各异，在这种情况下，人的生理需求是各不相同的。因此，从人的生理需求出发，结合茶的品性特点，最好能做到四季选择不同的茶叶饮用，使饮茶达到更高的境界。

具体来说，在春季，严冬已经过去，气温回暖、大地回春，这时饮些清香四溢的花茶，一则可以祛寒除邪；二则有助于理郁，驱除胸中浊气，促进人体阳刚之气回升；夏天，天气炎热，饮上一杯清堂碧翠的绿茶，可给人以清凉之感，还能收到降温消暑之效；秋天，天高气爽，饮上一杯属性平和的乌龙茶，不凉不热，取红、绿两种茶的功效，既能清除盛夏灼热，又能恢复津液和神气；冬天，天气寒冷，饮杯味甘性温的红茶，或者将它调制成奶茶，可以收到生热暖胃之效。如此安排四季择茶、饮茶，对人体健康大有裨益。即春季宜喝花茶，夏季宜喝绿茶，秋季宜喝乌龙茶，冬季宜喝红茶。

喝茶适量的标准是因人而异的，根据个人的年龄、工作性质、生活环境和健康状况区别对待。一般健康的，又有饮茶习惯的成年人一日饮茶10~15克，每次泡3~5克；从事体力劳动消耗多进食量大的人，一日饮茶15~20克，高温作业的则再适当增加；以牛羊肉为主食的，饮茶可帮助消化，防止脂肪和胆固醇过多累积，可视食肉量的多少而增加用茶量；对于身体虚弱或神经衰弱的，一日以3~5克为宜，尤其是空腹或夜间，不宜饮茶，以防失眠；对从事经常接触放射性和其他污染物环境中工作的人，一日可以饮茶10~15克做自身保护。

五、饮茶禁忌

饮茶禁忌包括两方面内容：一方面是泡茶和品茶环境的禁忌，另一方面则是茶饮健康方面的内容。

对于饮茶适宜的品饮环境，历代都有众多的叙述。其中明代冯可宾提出了不适宜饮茶的7条禁忌：

一是"不如法"，是指烧水、泡茶不得法；二是"恶具"，是指茶器选配不当，或质次、玷污；三是"主客不韵"，是指主人和宾客口出狂言，行动粗鲁，缺少修养；四是"冠裳苛礼"，是指官场间不得已的被动应酬；五是"荤肴杂陈"，是指大鱼大肉、荤腥油腻，有损茶的"本质"；六是"忙冗"，是指忙于应酬，无心赏茶、品茶；七是"壁间案头多恶趣"，是指室内布置凌乱、垃圾满地，令人生厌，俗不可耐。

另外，对于饮茶的健康"禁忌"也是不容忽视的。茶叶虽是健康饮料，与其他任何饮料一样，也得饮之有度，过量则有害。明代许次纾在《茶疏》中说"茶宜常饮，不宜多饮。常饮则心肺清凉，烦郁顿释；多饮则微伤脾肾，或泻或寒。"说明饮茶必须适量。喝茶过多，特别是暴饮浓茶，于身体健康不但无益反而有害。下面是在饮茶时应注意的几个问题：

1. 不过量空腹饮茶，以免引起"茶醉"

空腹一般不宜过量饮茶，也不宜喝浓茶，尤其是平时不常喝茶的人空腹喝了过量、过浓的茶，往往会引起"茶醉"。"茶醉"的症状是：胃部不适、烦躁、心慌、头晕，直至站立不稳。一旦发生这种情况，只要停止饮茶，喝些糖水，吃些水果，即可得到缓解。

饭后，口腔齿隙间常留有各种食物残渣，经口腔内的生物酶、细菌的作用能生成蛋白质毒素、亚硝酸盐等致癌物。这些物质可经喝水、进食、咽唾等口腔运动进入消化道，危及人体。饭后用茶水漱口，正好利用茶水中的氟离子和茶多酚抑制齿隙间的细菌生长，而且茶水还有消炎、抑制大肠杆菌、葡萄球菌繁衍的作用。茶水还可将嵌在齿缝中的肉食纤维收缩而离开齿缝，所以饭后用茶水漱口，有利于健康，尤其是饱食油腻之后，尤为明显。唐代著名医学家孙思邈去世时是102岁，生前，有人请教他"长寿之诀"，他概括为"节制饮食、细嚼慢咽食不过量、酒不过度、饭后漱口……"，所以饭后用茶水漱口是有利于健康长寿的。

2. 不能用茶水服用含铁剂、酶制剂药物

由于茶叶中的多酚类物质会与这些药物的有效成分发生化学反应，影响药效，所以不能用茶水服用。诸如补血糖浆、蛋白酶、多酶片等，服用镇静、催眠类药物时也不能用茶水。

3. 妇女"三期"忌饮浓茶

妇女在孕期、哺乳期、经期时适当饮些清淡的茶叶是有益无害的，但"三期"期间，由于生理需要的不同，一般不宜多饮茶，尤其忌讳喝浓茶。

妇女孕期饮浓茶，由于咖啡碱的作用，会使孕妇的心、肾负担过重，心跳和排尿加快。不仅如此，在孕妇吸收咖啡碱的同时，胎儿也随之被动吸收，而胎儿对咖啡碱的代谢速度要比大人慢得多，其作用时间相对较长，这对胎儿的生长发育是不利的。为避免咖啡碱对胎儿的刺激作用，妇女孕期以少饮茶为好。

妇女哺乳期饮浓茶，有可能产生两种副作用：一是浓茶中茶多酚含量较高，一旦被吸收进入血液后，便会收敛乃至抑制分泌，最终影响哺乳期奶水的分泌；二是浓茶中的咖啡碱含量相对较高，被母亲吸收后，会通过奶汁进入婴儿体内，对婴儿起到兴奋作用，或者使肠发生痉挛，以致出现婴

儿烦躁啼哭。

茶叶中的咖啡碱对神经和心血管有一定刺激作用，如果妇女经期饮浓茶，将使经期基础代谢增高，引起痛经、经血过多，甚至经期延长等现象。

4.某些疾病患者须控制饮茶

（1）冠心病患者须酌情用茶。冠心病患者能否饮茶，须视患者的病情而定。冠心病有心动过速和心动过缓之分。茶叶中的生物碱，尤其是咖啡碱和茶碱，都有兴奋作用，能增强心肌的机能。因此，对心动过速的冠心病患者来说，宜少饮茶、饮淡茶，甚至不饮茶，以免因多喝茶或喝浓茶促使心跳过快。有早搏或心房纤颤的冠心病人，也不宜多喝茶、喝浓茶，否则会促使发病或加重病情。但对心动过缓或窦房传导阻滞的冠心病人来说，其心率通常在每分钟60次以内，应适当多喝些茶，甚至喝一些偏浓的茶，这不但无害，而且还可以提高心率，有配合药物治疗的作用。所以，冠心病患者能否饮茶，要因病而异，不可一概而论。

（2）神经衰弱患者要节制饮茶。对神经衰弱患者来说，一是不宜饮浓茶，二是不宜在临睡前饮茶。这是因为患神经衰弱的人的主要病症是晚上失眠，而茶叶中含量较高的咖啡碱的最明显作用就是刺激中枢神经，使精神处于兴奋状态。

（3）脾胃虚寒者不宜喝浓茶。总的来说，茶叶是一种清凉保健饮料，尤其是绿茶，因其性偏寒，对脾胃虚寒患者更是不利。同时，饮茶过多、过浓，茶叶中的茶多酚会对胃部产生强烈刺激，影响胃液的分泌，从而影响食物消化，进而产生食欲不振，或出现胃酸、胃痛等不适现象。所以，脾胃虚寒者或患有胃和十二指肠溃疡的人，要尽量少饮茶，尤其不宜喝浓茶和饭前饮茶。这类患者，一般可在饭后喝杯淡茶，在茶类选择上，应以性温的红茶为好。

（4）贫血患者要慎饮茶。如果是缺铁性贫血，最好不饮茶。这是因为茶叶中的茶多酚很容易与食物中的铁发生化合反应，不利于人体对铁的吸收，从而加重病情的发展。另外，缺铁性贫血患者服的药物多数为含铁补剂，除停止饮茶外，服药时也不能用茶水送服，以免影响药物的作用。

对其他贫血患者来说，因多数气血两虚、身体虚弱，而喝茶有消脂、瘦身的作用。因此，亦以少饮茶为宜，特别是要防止过量或过浓饮茶。

5. 忌饭前大量饮茶

饭前大量饮茶，一则会冲淡唾液，二则影响胃液分泌。这会使人进食时感到无味，而且使食物的消化与吸收也受到影响。

6. 忌饭中、饭后立即饮茶

饭中不宜饮茶，会冲淡胃液分泌，茶中鞣酸与食物中的蛋白质等会发生凝固作用而造成胃的负担，长期可引起胃病；饭后饮杯茶，虽然有助于消食去脂，但不宜饭后立即饮茶，因为茶叶中含有较多的茶多酚，也会影响人体对铁和蛋白质的吸收，使身体受到影响。

7. 忌饮冲泡时间过久的茶

这会使茶叶中的茶多酚、芳香物质、维生素、蛋白质等氧化变质变性，甚至成为有害物质，而且茶汤中还会滋生细菌，使人患病。因此，茶叶以现泡现饮为上。

8. 忌饮浓茶

由于浓茶中的茶多酚、咖啡碱的含量很高，刺激性过于强烈，会使人体的新陈代谢功能失调，甚至引起头痛、恶心、失眠、烦躁等不良症状。

参考文献

金浙红，张加清，2023. 植物保护装备 [M]. 杭州：浙江大学出版社.
陆德彪，王仲淼，2023. 茶叶 [M]. 杭州：浙江大学出版社.
陆德彪，2015. 茶叶加工 [M]. 南昌：江西科学技术出版社.
陆德彪，2015. 茶叶种植 [M]. 南昌：江西科学技术出版社.
戚建乔，魏福炯，2009. 茶叶 [M]. 北京：研究出版社.
水茂兴，2017. 茶叶 [M]. 南昌：江西科学技术出版社.
王仲淼，庞英华，2020. 茶艺 [M]. 北京：中国农业出版社.
杨晓萍，2018. 茶叶营养与功能 [M]. 北京：中国轻工业出版社.
姚福军，2016. 茶叶 [M]. 南昌：江西科学技术出版社.